Mr Ahmadi

A Viabilidade da Electrotaxia e da Fototaxia nos Lagostins Americanos

Mr Ahmadi

A Viabilidade da Electrotaxia e da Fototaxia nos Lagostins Americanos

Desenhos experimentais melhorados

ScienciaScripts

Imprint

Any brand names and product names mentioned in this book are subject to trademark, brand or patent protection and are trademarks or registered trademarks of their respective holders. The use of brand names, product names, common names, trade names, product descriptions etc. even without a particular marking in this work is in no way to be construed to mean that such names may be regarded as unrestricted in respect of trademark and brand protection legislation and could thus be used by anyone.

Cover image: www.ingimage.com

This book is a translation from the original published under ISBN 978-3-659-83015-0.

Publisher:
Sciencia Scripts
is a trademark of
Dodo Books Indian Ocean Ltd. and OmniScriptum S.R.L publishing group

120 High Road, East Finchley, London, N2 9ED, United Kingdom
Str. Armeneasca 28/1, office 1, Chisinau MD-2012, Republic of Moldova, Europe
Printed at: see last page
ISBN: 978-620-8-19657-8

Índice:

AGRADECIMENTOS

O autor gostaria de agradecer ao Ministério da Educação, Ciência, Desporto e Cultura do Japão por me ter concedido a bolsa de estudos para estudar no Japão (2002-2008). Agradeço ao Ministério dos Assuntos Marinhos e das Pescas da República da Indonésia por me ter recomendado para obter esta bolsa. O autor está imensamente grato ao Professor Dr. Gunzo Kawamura, o meu orientador, que me aceitou como seu aluno. Guiou-me e encorajou-me gentilmente durante todos estes anos, o que me permitiu terminar este estudo e cumprir um requisito para o meu doutoramento. Agradeço sinceramente o seu cuidado pessoal para comigo e para com a minha família. Agradeço ao Professor Dr. Takeshi Kanda da Universidade de Miyazaki, meu co-orientador no comité de exame. Os meus profundos agradecimentos por todo o apoio recebido do Professor Associado Dr. Kazuhiko Anraku durante a minha investigação, do Professor Associado Dr. Takaaki Nishi pelos seus valiosos conselhos sobre os projectos experimentais, do Dr. Miguel Vazquez Archdale pelos seus comentários e pela leitura dos manuscritos da minha investigação, da Sra. Chitose Shinyama pela sua ajuda, do Sr. Masataka Marugi e do Sr. Marugi, pelo seu apoio e pela sua ajuda. Masataka Marugi e Souji Kodama pela sua assistência técnica na construção das armadilhas, e aos meus amigos Reza, Taro, Irene, Kenji, Kuno, Satoshi, Sasaki, Nakamura, Harold e a todo o pessoal da Faculdade de Pescas da Universidade de Kagoshima pela sua assistência técnica. O autor deseja também agradecer as críticas construtivas da equipa editorial da Lambert Academic Publishing.

Capítulo 1
INTRODUÇÃO GERAL

Este estudo teve como objetivo verificar a viabilidade da electrotaxia ou da fototaxia do lagostim americano *Procambarus clarkii* (Girard, 1852) (Fig. 1), e introduzir métodos simples de atração que podem ser utilizados para os programas de controlo ou erradicação. Esta espécie é explorada comercialmente nos EUA e noutros países, mas é considerada uma praga no Japão.

Os lagostins são os maiores invertebrados móveis que habitam as águas doces. Existem cerca de 500 espécies conhecidas de lagostins de água doce em todo o mundo. A maioria vive na América do Norte e Central, cerca de 100 no hemisfério sul, 4 na Ásia e 5 na Europa (Hobbs, 1988; Westman, 2002). O lagostim *Astacopsis gouldi* (Clark, 1936) é o maior lagostim da Austrália, atingindo mais de 4,5 kg de peso (Holdich, 2002). Os lagostins são conhecidos por muitos nomes, desde lagostim a caranguejo-pedra. As cores variam entre o creme claro, o amarelo, o azul, o vermelho, o verde e o preto. Mais de 90 por cento dos lagostins cultivados nos Estados Unidos são lagostins vermelhos do pântano *P. clarkii* (Girard, 1852) ou lagostins brancos do rio *P. acutus* (Girard, 1852). As outras espécies importantes são o lagostim de sinal *Pacifastacus leniusculus* (Dana, 1852), o lagostim de concha *Orconectes immunis* (Hagen, 1870), o lagostim verde *O. nais* (Faxon, 1885) e o lagostim do norte *O. virilis* (Hagen, 1870). Todas estas espécies são capturadas em riachos, lagos e lagoas como cultura "selvagem". *O P. clarkii* é o lagostim mais proeminente não só nos EUA, mas também com um sucesso comercial notável na China (Huner, 1998) e em Espanha (Ackefors, 1999) devido ao seu rápido crescimento e tolerância ecológica (Huner e Lindqvist, 1995). No entanto, muitos estados têm regulamentos que proíbem a introdução de espécies invasoras devido ao facto de terem frequentemente impactos adversos nas espécies e ecossistemas nativos. Estes incluem danos por escavação, danos nas plantas de arroz, incómodo para os pescadores, interferência na pesca (por exemplo, comer peixe de redes e outras artes) e consumo de ovos de peixe (Maitland *et al*, 2001; Westman, 2002).

Os habitats dos lagostins variam, mas preferem áreas com alguma cobertura, como rochas em riachos ou vegetação densa em lagos e lagoas. Precisam de estrutura para proteção, prevenção contra comportamentos canibais durante a muda ou esconderijo de predadores. A presença de vegetação nos tanques de lagostins aumentará a sobrevivência e a produção (Goyert e Avault, 1978; Witzig *et al.*, 1983). Os lagostins são mais abundantes em zonas húmidas sazonalmente inundadas (Huner e Barr, 1991). Enquanto a abundância de lagostins em lagos e riachos é mais provavelmente limitada pela predação e disponibilidade de substrato do que pelo fornecimento de alimentos (Garvey *et al.*, 1994; Nystrom *et al.*, 2006).

Em todas as partes do mundo, muitas artes activas e passivas estão a ser usadas para recolher lagostins de lagoas, rios, lagos e riachos. São redes de cerco (D' Abramo e Ni- quette, 1991), redes eléctricas (Cain e Avault, 1983), redes manuais (Rabeni *et al.*, 1997; Reeve, 2004), redes de colher (Nakata *et al.*, 2006), pesca eléctrica (Westman *et al*, 1978; Alonso, 2001; Ribbens e Graham, 2004), barco de fundo plano (Huner e Barr, 1991; Romaire, 1995), quadrat sampler (Lamontagne e Rasmussen, 1993), colecções de mergulhadores (Usio *et al*, 2007), armadilhas de atirar (Dorn *et al*., 2005), armadilhas com isco (Huner e Barr, 1991; Romaire, 1995; Faller *et al*., 2006), sacos com isco (Reeve, 2004), armadilhas com feromonas sexuais (Stebbing *et al*, 2004), redes cilíndricas não iscadas para enguias (Habsburgo Lorena, 1983; Gaude, 1986), redes de foice (Holdich e Domaniewski, 1999; Balik *et al*., 2005) e armadilhas luminosas são demonstradas no presente estudo (Capítulo 3).

A captura é influenciada por muitos factores, principalmente a temperatura da água e a densidade dos lagostins comercializáveis. Outros factores são a qualidade da água, o tipo e a quantidade de forragem vegetativa, o clima, a muda em massa, a fase lunar, as frentes frias e a intensidade da colheita (Romaire *et al*., 2004). *P. clarkii* atinge a maturidade sexual com um tamanho entre 5,5 e 12,5 cm de comprimento total (Huner e Romaire, 1979). Devem ser colhidos logo após atingirem o tamanho comercializável. Os consumidores preferem uma contagem de 23 indivíduos por libra e maiores (i.e., $3^\wedge$ polegadas e maiores). As lagostas grandes, com 10 a 15 indivíduos por libra, têm normalmente um preço superior (Romaire *et al*., 2004).

A produção de lagostins pode ser dividida em dois segmentos distintos: produção de concha dura e produção de concha mole (Huner, 1990; Huner e Romaire, 1990). Os produtores de lagostins de casca dura comercializam a carne da cauda, semelhante à produção de camarão, enquanto os produtores de casca mole comercializam o corpo inteiro, semelhante à produção de caranguejo de casca mole. Os lagostins de casca mole são recolhidos comercialmente para a indústria do marisco (Culley e Duobinis-Gray, 1990) ou para a indústria de isco (Maronek, 1994). Nos anos 80, os lagostins de carapaça mole eram apanhados manualmente nos tanques (Cain e Avault, 1983). Os agricultores também capturam lagostins de casca dura (por exemplo, armadilha com isco) de populações selvagens ou de tanques de aquacultura e transportam-nos para um tanque interior. Os indivíduos pré-moltes são identificados e transferidos para tanques de muda separados, onde estão completamente a salvo dos lagostins intermoltes (Culley *et al*., 1985). Outros métodos como a injeção de hormonas de muda, remoção de membros e ablação bilateral do pedúnculo ocular podem ser adoptados para acelerar o ciclo de muda do lagostim (Huner e Avault, 1977). Recentemente, os lagostins de concha mole podem também ser apanhados com armadilhas iluminadas, que não são raramente utilizadas no campo.

Basicamente, existem três espécies de lagostins que inibem lagos e rios no Japão. O lagostim japonês *Cambaroides japonicus* (De Haan, 1841) é o único representante nativo (Miyake, 1982), e dois lagostins americanos: *P. clarkii* e *Pacifastacus leniusculus* são originalmente importados da América do Norte entre 1926 e 1930 (Kawai *et al*., 2002). Tanto o *P. clarkii* como o *P. leniusculus* são considerados espécies agressivas porque têm um corpo e um tamanho de quela maiores (Westman, 2002). *C. japonicus* vive em riachos e lagos frios e límpidos no norte do Japão, incluindo as províncias de Hokkaido, Aomori, Akita e Iwate. Não tolera temperaturas elevadas da água e começa a ser afetado por choques térmicos acima dos 20°C e morre acima dos 25° C (Nakata *et al*., 2002). No passado, esta espécie foi utilizada como alimento para a alta cozinha (Kurohagi, 1991). No entanto, a disseminação descontrolada de duas espécies exóticas constitui um risco considerável para o *C. japonicus* nos habitats, abrigando competição ou predação mútua (Usio *et al*., 2007).

Em consequência, as populações naturais de *C. japonicus* diminuíram drasticamente, o que levou a Agência Japonesa das Pescas, em 1998, e a Agência do Ambiente, em 2000, a declará-lo como espécie ameaçada e a exigir a recolha de informações para a sua conservação.

Geralmente, *P. clarkii* é considerada uma espécie de águas quentes, enquanto *Pacifastacus leniusculus* é considerada uma espécie de águas frias (Henttonen e Hun er, 1999), assim como *C. japonicus*. *P. clarkii* vive normalmente no centro e no sul do Japão. Encontra-se também em alguns habitats de Hokkaido onde a temperatura da água é superior a 25 °C no verão e a 18° C no meio do inverno (Nakata *et al.*, 2001). *P. leniusculus* pode sobreviver nos abrigos durante três meses de inverno, com temperaturas mínimas de cerca de 20°C negativos (Kozak e Polizar, 2003) e uma elevada tolerância até 31,1OC (Nakata *et al.*, 2002). Recentemente, Nakata *et al.* (2006) verificaram a coexistência invulgar destas espécies exóticas no rio Daini-Suzuran, a leste de Hokkaido, devido ao facto de uma nascente de água quente fluir para o rio. *A P. leniusculus* pode propagar-se rapidamente após invasões devido à sua elevada capacidade de reprodução (Nakata *et al.*, 2004). A sua distribuição estendeu-se rapidamente a outros lagos e rios nas prefeituras de Fukushima, Nagano e Shiga, em Honshu (Nakatani e Yokohama, 2003; Usio *et al.*, 2007). Em Hokkaido, o controlo dos lagostins foi iniciado entre 2006 e 2007 utilizando armadilhas com isco ou à mão com a ajuda de equipamento SCUBA (Usio *et al.*, 2007), mas é muito dispendioso, a longo prazo e exige muita mão de obra. O presente estudo fornece métodos de captura estabelecidos e novos possíveis para controlar a propagação do lagostim americano através da investigação sobre electrotaxia e fototaxia.

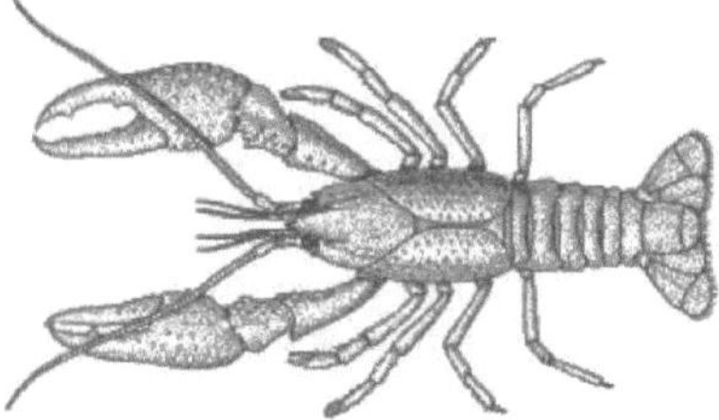

Fig. 1. O lagostim americano *Procambarus clarkii* (Girard, 1852) utilizado nas experiências

Capítulo 2
ELECTROTAXIA NO LAGOSTIM AMERICANO
2.1. Introdução

No Japão, a introdução de espécies exóticas, como o lagostim americano *Procambarus clarkii* (Girard, 1852), como alimento vivo para a rã comestível *Rana catesbeiana* (Shaw, 1802), cultivada em campos de arroz, teve efeitos ecológicos adversos no lagostim japonês *Cambaroides japonicus* (De Haan, 1841), competindo com ele por habitat, abrigos e recursos (Saito e Hiruta, 1995; Usio, *et al*, 2001; Nakata *et al.*, 2006) e causou perdas económicas aos produtores de arroz ao danificar a cultura e os diques nos arrozais. Para eliminar esta espécie exótica, é necessário um método de colheita eficaz e de baixo custo.

Ao mesmo tempo, a indústria da aquacultura do lagostim necessita de um novo método de colheita. Afinal, o lagostim é um importante produto de aquacultura em muitos países, embora não no Japão, e sustenta uma grande indústria no Louisiana, EUA. Atualmente, os lagostins são apanhados por caçadores profissionais que recebem cerca de metade do rendimento bruto, mas não há caçadores suficientes durante a época alta da colheita (Cain e Avault, 1983; Huner e Barr, 1991; Romaire, 1995). Os iscos utilizados para as armadilhas são caros, necessitam de ser congelados e têm de ser cortados em pedaços pequenos. Outro problema é que as baixas temperaturas reduzem a atividade dos lagostins e estes deixam de ser atraídos pelos iscos.

A indústria do camarão no Japão desenvolveu uma variedade de choques eléctricos, um dos quais está ligado a uma rede de arrasto que é puxada sobre o fundo do tanque e força o camarão a saltar do substrato de areia para a rede (Shigueno, 1975). Foram utilizados métodos semelhantes noutras pescarias de crustáceos (Pease e Seidel, 1967; Ko *et al.*, 1972; Saila e Williams, 1972; Stewart, 1975; Seidel e Watson, 1978; Fievet *et al.*, 1996; Polet *et al.*, 2005). Todos estes métodos se baseiam na estimulação eléctrica do corpo do camarão que resulta numa forte contração do abdómen e força o camarão a sair da toca ou do esconderijo e a entrar numa rede. Os investigadores do Louisiana desenvolveram um protótipo de rede eléctrica de empurrar como método alternativo de captura de lagostins (Cain e Avault, 1983), mas não há informações sobre a sua utilização comercial. A eletricidade tem sido utilizada para controlar o movimento de lagostins doentes *Aphanomyses astaci* (Schikora, 1906) na Suécia ou no Arizona, e para os excluir de certas áreas através de barreiras eléctricas (Unestam *et al.*, 1972; Soderhall *et al.*, 1977; Hyatt, 2004). A pesca eléctrica está também a ser utilizada como método de remoção para a eventual erradicação do lagostim-sinal americano *Pacifastacus leniusculus* (Dana, 1852) dos rios (Sinclair e Ribbens, 1999; Reeve, 2004; Ribbens e Graham, 2004).

A corrente eléctrica direta (CC) é o tipo de corrente preferido, porque tem o menor potencial para prejudicar os peixes (Lamarque, 1990; Beaumont *et al.*, 2002; Snyder, 2003). Quando expostos a uma corrente contínua, os peixes tendem a assumir uma posição paralela ao campo elétrico, com a cabeça a apontar para o ânodo, e nadam na direção desse elétrodo; este comportamento é conhecido como electrotaxia ou galvanotaxia e é utilizado para capturar peixes (Bary, 1956; Klima, 1972; Lamarque, 1990).

Alguns crustáceos também apresentam respostas direcionais semelhantes num campo de corrente contínua. Uma forte estimulação eléctrica provoca a contração dos músculos abdominais dos crustáceos, e este movimento involuntário força o animal a subir do fundo ou na direção do ânodo. Higman (1956) demonstrou que o camarão-rosa *Penaeus duorarum* (Burkenroad, 1939), num tanque de água do mar, abanava a cauda na direção do ânodo quando submetido a um campo elétrico de corrente contínua pulsante. Westman *et al.* (1978) efectuaram uma amostragem para o lagostim europeu *Astacus astacus* (Linnaeus, 1758) através de corrente contínua não pulsante e referiram que o lagostim se deslocava em direção ao ânodo nadando para trás com movimentos rápidos da cauda ou rastejando lentamente para a frente para fora dos seus esconderijos. A lagosta australiana *Panulirus cygnus* (George, 1962) era sensível à polaridade do campo elétrico e ou se dirigia para o ânodo ou se impulsionava para ele (Philips e Scolaro, 1980). A lagosta americana *Homarus americanus* (Milne-Edwards, 1837) apresentou uma verdadeira electrotaxia num campo elétrico de corrente contínua pulsante, em que foi obrigada a nadar para o ânodo (Koeller e Crowell, 1998). O camarão castanho *Crangon crangon* (Linnaues, 1758) reage fortemente ao ânodo de corrente contínua pulsada (Polet *et al.*, 2005). No entanto, Saila e Williams (1972) não observaram qualquer electrotaxe, mas apenas uma oscilação da cauda no lavagante americano sujeito a corrente contínua. No lagostim *Nephrops norvegicus* (Linnaeus, 1758), um campo elétrico induziu um comportamento de evitamento, mas não electrotaxia (Stewart, 1974; Newland e Neil, 1990). Assim, a electrotáxis nos crustáceos é ainda questionável, e os diferentes resultados podem ter sido devidos às diferentes disposições dos eléctrodos nas várias concepções experimentais.

Realizámos este estudo para obter informações detalhadas sobre as respostas comportamentais do lagostim americano a vários estímulos eléctricos de corrente contínua, que poderiam ser aplicados para desenvolver métodos económicos de colheita e erradicação desta espécie.

2.2. Materiais e métodos

A. Experiência em interiores

Para a experiência no interior, foram obtidos 10 lagostins americanos (42-48 mm de comprimento da carapaça e 85-98 mm de comprimento do corpo) de um fornecedor local. Foram mantidos num tanque de PVC de 240 L com água da torneira e um filtro de fundo a 28°C e alimentados duas vezes por semana com granulados de lagostim (Japan Pet Drugs, Tóquio). Para a experiência no exterior, foram utilizados cinco lagostins criados em laboratório (34-37 mm de comprimento da carapaça e 72-87 mm de comprimento do corpo). Os indivíduos foram utilizados repetidamente na mesma experiência. Os lagostins foram manuseados de acordo com os métodos prescritos no Guia da Universidade de Kagoshima para o Cuidado e Utilização de Animais de Laboratório.

A experiência em recinto fechado foi efectuada no Laboratório de Tecnologia Pesqueira, Faculdade de Pescas, Universidade de Kagoshima, durante junho-julho de 2005. Utilizou-se um tanque de cloreto de polivinilo (PVC) (190 x 42 x 40 cm) com um fundo de substrato de areia (2,5 cm de espessura) e um sistema de filtragem de fundo (Nisso, Tóquio), e encheu-se com 240 L de água da torneira (30 cm de profundidade) (Fig. 2A). O tanque foi dividido em cinco zonas iguais (cada zona com

38 x 42 x 40 cm): zona anódica, zona intermédia, zona catódica e ambas as zonas finais para além dos campos eléctricos (Fig. 2). A temperatura da água durante as experiências foi de 28,0° C, e a condutividade da água foi de 625 LIS cm^{-1} determinada com um medidor de condutividade (YSI-85, YSI Inc., EUA).

Foram adoptados dois tipos de eléctrodos: grandes eléctrodos de chapa de aço inoxidável (40 cm de largura, 30 cm de altura, 1,0 mm de espessura) e pequenos eléctrodos (20 cm de largura, 18 cm de altura, 0,8 mm de espessura). As caraterísticas eléctricas foram detectadas com um par de sondas de captação feitas de varetas de bronze de 3 mm de diâmetro espaçadas de 10 cm e isoladas de modo a que apenas os 5 mm inferiores de cada vareta ficassem expostos. Na primeira experiência, os dois eléctrodos grandes, um ânodo e um cátodo, foram colocados no tanque, na vertical no fundo, separados por 114 cm e dividindo completamente o seu longo eixo através da colocação de duas divisórias de PVC (disposição E1, Fig. 2). Os movimentos dos lagostins foram limitados ao espaço entre os eléctrodos. Na segunda e terceira experiências, os eléctrodos grandes foram elevados 5 cm ou 10 cm acima do fundo (E2 e E3). Na quarta experiência, os eléctrodos pequenos foram colocados na vertical sobre o fundo (E4). Como havia espaços, os lagostins puderam sair do campo elétrico para além dos eléctrodos.

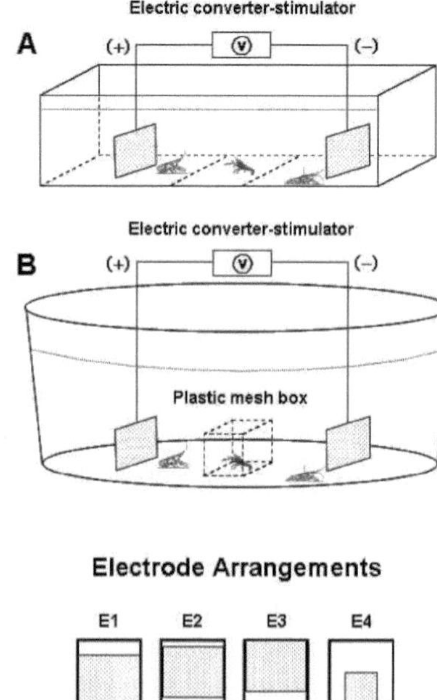

Fig. 2. Aparelho experimental para experiências no interior (A) e no exterior (B) e disposição dos eléctrodos. E1, eléctrodos colocados em pé no fundo, sem folgas em relação às paredes do tanque; E2, eléctrodos 5 cm acima do fundo; E3, eléctrodos 10 cm acima do fundo; E4, pequenos eléctrodos colocados em pé no fundo com folgas em relação às paredes.

O estímulo elétrico DC foi produzido por um conversor-estimulador elétrico especialmente fabricado (Hitachi, Tóquio). Ajustando a tensão do conversor-estimulador elétrico, o gradiente de tensão aplicado ao lagostim variou de 0,02 a 0,46 V cm^{-1} . Os gradientes de tensão foram criados invertendo alternadamente a polaridade dos eléctrodos. A intensidade do campo elétrico foi medida com um aparelho de teste elétrico (Custom Corp. CDM-2000D, Tóquio) em todo o tanque para determinar os gradientes de tensão em diferentes locais. O sinal foi visualizado num osciloscópio (Iwatsu SS-5704, Tóquio) para obter medições exactas. Os eléctrodos eram limpos periodicamente para evitar erros de medição causados pelas bolhas de gás nas suas superfícies.

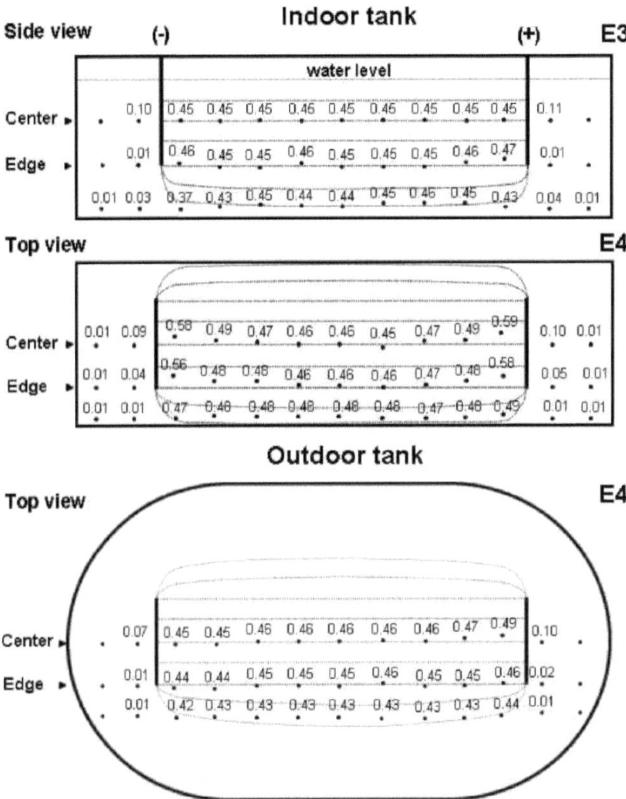

Fig. 3. Intensidades do campo elétrico medidas no tanque interior com as disposições de eléctrodos E3 (vista lateral) e E4 (vista superior). Intensidades do campo elétrico no tanque exterior com a disposição de eléctrodos E4 (vista de cima).

A Figura 3 mostra as intensidades do campo elétrico nos tanques experimentais, especialmente entre as disposições dos eléctrodos E3 e E4. A intensidade do campo elétrico foi uniforme na disposição E1 (0,46 V cm^{-1}). No arranjo E2, a intensidade no intervalo de 5 cm do fundo foi de 0,46 V cm^{-1}, igual à do centro entre os eletrodos. Em E3, a intensidade foi de 0,44 V cm^{-1} no intervalo de 10 cm do fundo. Com os eléctrodos de pequenas dimensões em E4, as intensidades na parte inferior dos eléctrodos (0,49 V cm^{-1}) e junto às paredes da cuba (0,48 V cm^{-1}) foram superiores às do centro entre os eléctrodos (0,46 V cm^{-1}). Foi detectado um pequeno campo elétrico atrás dos eléctrodos, mas próximo de zero, com as formas de onda no osciloscópio a oscilar entre 0,01 e 0,09 Volts.

Os lagostins foram expostos a estímulos eléctricos sob a forma de gradientes de tensão com intensidades que variaram entre 0,02 e 0,46 V cm^{-1}. Foi utilizado um grupo de 10 lagostins em cada ensaio, tendo sido efectuados 5 ensaios para cada intensidade de gradiente de tensão. O número total de ensaios com diferentes gradientes de tensão foi de 115. Os animais tiveram tempo para recuperar após cada ensaio: 2 minutos após os ensaios com 0,02-0,10 V cm^{-1} ; 3 minutos após 0,12-0,20 V cm^{-1} ; 4 minutos após 0,22-0,30 V cm^{-1} ; e 5 minutos após 0,32-0,46 V cm$.^{-1}$

Antes de cada ensaio, os lagostins foram confinados na zona central do tanque através de duas divisórias de PVC. No início de cada ensaio havia um período de controlo, em que as divisórias eram removidas e os lagostins eram deixados a mover-se livremente durante 1 minuto. De seguida, as divisórias eram recolocadas no lugar e os lagostins confinados novamente na zona intermédia. O teste consistiu na remoção das divisórias e na aplicação do gradiente de tensão durante 1 minuto. Durante os períodos de controlo e de teste, os movimentos e o número de lagostins foram cuidadosamente anotados de 15 em 15 s nas três zonas da disposição E1, ou nas cinco zonas de E2, E3 e E4.

Qualquer movimento de um lagostim em direção ao ânodo após a estimulação foi considerado uma *resposta positiva*, quer o lagostim tenha ou não atingido o ânodo durante o período de teste de 1 minuto. Para a análise quantitativa da resposta ao campo elétrico, a magnitude da resposta do grupo anódico (%) foi definida para cada ensaio pela seguinte fórmula:

$$\text{Magnitude da resposta do grupo anódico } (\%) = \frac{\text{N.}^{\circ}\text{ de lagostins com resposta positiva}}{\text{N.}^{\circ}\text{ de lagostins no ensaio}} \times 100$$

Os valores percentuais para 5 ensaios em cada gradiente de tensão foram comparados estatisticamente com os valores percentuais para os controlos através do teste de Mann-Whitney (Conover, 1980). Quando os valores do teste eram significativamente mais elevados do que o valor do controlo, a resposta do grupo era considerada positiva.

B. Experiência no exterior

Foi realizada uma experiência no exterior do laboratório em fevereiro de 2007, num tanque oval de plástico reforçado com fibra (214 x 169 cm; Tanaka-Sanjiro, Fukuoka, Japão) com 1.700 L de água da torneira (47 cm de profundidade) e um fundo de areia com 1,5 cm de profundidade (Fig. 2B). Devido à baixa temperatura da água, foi utilizado um aquecedor elétrico (Nisso, Tóquio). A temperatura da água durante as experiências variou de 12,5-17,0°C e a condutividade da água foi de 80-160 pS cm^{-1}. Os eléctrodos e a aparelhagem eléctrica foram os mesmos que na experiência no interior.

As intensidades médias do campo elétrico entre os eléctrodos grandes (E1 e E2) foram as mesmas que no tanque interior. Entre os eléctrodos pequenos (Fig. 3-E4), as intensidades foram de 0,46 V cm^{-1} no centro, 0,45 V cm^{-1} a 10 cm do bordo e 0,43 V cm^{-1} para além dos eléctrodos.

Antes da estimulação eléctrica, os lagostins foram confinados numa caixa de malha de plástico na zona central do tanque. O controlo, a exposição ao teste, a recolha de dados e a análise foram efectuados da mesma forma que na experiência no interior.

Determinámos duas tensões de limiar: a tensão de limiar I, que induzia a orientação paralela do animal para o campo elétrico e o rastejar para a frente em direção ao ânodo, e a tensão de limiar II, que induzia o agitar da cauda e o nadar para trás em direção ao ânodo.

2.3. Resultados

A. Experiência em interiores

A figura 4 mostra os resultados das experiências no interior com as disposições dos eléctrodos E1-E4. Durante o período de controlo (0 V cm^{-1}) na experiência em que os eléctrodos foram colocados na vertical no fundo (disposição E1), os lagostins moveram os seus apêndices (garras, patas de marcha, nadadeiras, antenas, antenas e peças bucais) normalmente e caminharam livremente ao longo das três zonas, enquanto os seus corpos se orientavam ao acaso. A resposta do grupo de controlo anódico foi de apenas 18±4,9% (percentagem média ± erro padrão).

Quando foi aplicado um estímulo de 0,02 V cm^{-1}, os lagostins mostraram uma ligeira contração das patas e das antenas, indicando a deteção do campo elétrico. A 0,06 V cm^{-1} (tensão de limiar I), dois lagostins em cinco ensaios exibiram uma orientação paralela clara ao campo elétrico virado para o ânodo, mas a resposta do grupo anódico foi a mesma que a do controlo (18±3,5%). O teste Mann-Whitney mostrou que a percentagem se manteve ao mesmo nível do controlo a 0,02-0,08 V cm^{-1} (p>0,05). A 0,10 V cm^{-1} ou mais, a percentagem foi significativamente mais elevada (p<0,05) do que no controlo. A 0,12-0,14 V cm^{-1} (tensão de limiar II), o lagostim mostrou o movimento da cauda, devido à contração do abdómen, e nadou para trás em direção ao ânodo.

Entre 0,16 e 0,30 V cm^{-1}, o movimento das garras, patas, nadadeiras, leque da cauda e antenas tornou-se mais pronunciado. Seguiu-se uma reorientação do lagostim para o cátodo, depois o início da oscilação involuntária da cauda e um movimento resultante em direção ao ânodo. A resposta máxima do grupo anódico (77±4,2%) em direção ao ânodo foi provocada por uma intensidade eléctrica de 0,24 V cm^{-1} (Fig. 4, E1).

A 0,32-0,46 V cm^{-1}, os lagostins exibiram um comportamento anormal, como andar desequilibrado, movimento extremo da cauda e deitar-se sobre o lado dorsal. Dois a quatro de 10 lagostins mostraram o movimento da cauda, mexeram rapidamente os leques da cauda, nadaram para trás apenas uma curta distância e, por vezes, deitaram-se sobre o lado dorsal. Quando a corrente eléctrica foi ligada a altas voltagens (0,40-0,46 V cm^{-1}), os lagostins sacudiram a cauda, depois ficaram imóveis no seu lado dorsal e permaneceram nessa posição durante vários segundos ou minutos depois de a corrente ter sido desligada. Se o lagostim se movesse de novo, não havia orientação. A posição deitada sobre o dorso com rigidez muscular é um sinal de narcose, e 3-5 lagostins foram afectados durante os diferentes ensaios com intensidade eléctrica elevada.

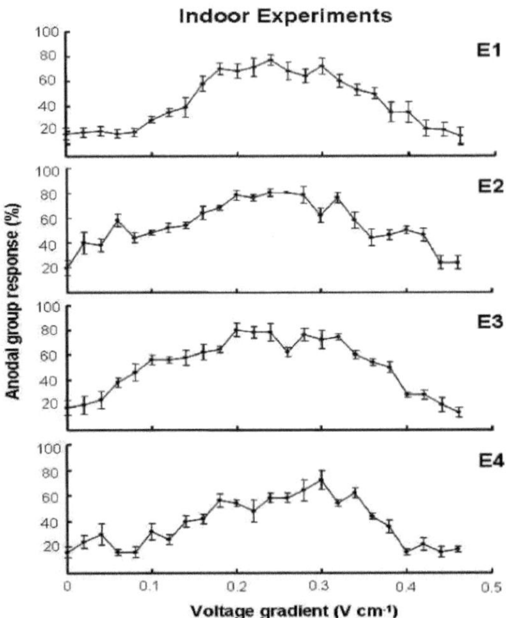

Fig. 4. Resposta do grupo anódico (média % ± S.E) sob várias intensidades de campo elétrico no tanque interior com disposições de eléctrodos E1, E2, E3 e E4.

Nas experiências com os eléctrodos a 5 cm (E2) ou 10 cm (E3) do fundo, os lagostins durante o período de controlo rastejaram livremente, e alguns passaram por baixo dos eléctrodos; a resposta do grupo anódico foi de 20±6,3%. Não se verificou qualquer alteração de comportamento a 0,02-0,04 V cm^{-1} , apenas que 3-4 lagostins caminharam lentamente para as zonas anódica e catódica e, em seguida, saíram do campo elétrico através das aberturas sob os eléctrodos. O teste de Mann-Whitney mostrou que a percentagem era significativamente mais elevada ($p<0,05$) do que o controlo a 0,04 V cm^{-1} na disposição E2 e a 0,06 V cm^{-1} na E3; estas foram, portanto, as tensões limiares Is.

A 0,12-0,16 V cm^{-1} , os animais levantaram uma ou ambas as garras viradas para o cátodo e moveram-se lentamente para trás, ou andaram à volta da zona do ânodo e depois passaram por baixo do ânodo para fora do campo elétrico; esta foi a tensão limiar II.

A 0,18-0,32 V cm^{-1} , 6-8 lagostins nadaram para trás com movimentos rápidos da cauda, ou nadaram rapidamente para a frente com o abdómen e o leque da cauda elevados e ambas as garras levantadas, saindo depois do campo elétrico. Dois a quatro animais deslocaram-se por uma curta distância ou instalaram-se no fundo, de frente para o ânodo.

Foram obtidas respostas positivas elevadas do grupo anódico (79±3,9%) ($p<0,05$) a 0,20-0,26 V cm^{-1} em E2 e a 0,20-0,24 V cm^{-1} em E3 (Fig. 4, E2 e E3). Assim, cerca de 80% dos lagostins testados mostraram a mesma tendência para rastejar para longe do cátodo em direção ao ânodo e por baixo do ânodo para fora do campo elétrico. Este resultado sugere que os lagostins não foram atraídos pelo ânodo, mas apenas repelidos pelo cátodo. A sobre-estimulação ocorreu a 0,34-0,46 V cm^{-1} , e os lagostins comportaram-se como se estivessem narcotizados.

Na experiência com a disposição de eléctrodos pequenos E4, os lagostins moveram-se quase da mesma forma que a descrita acima, mas rastejaram para fora do campo elétrico através dos espaços entre os eléctrodos e as paredes (16±4,0%). A 0,02-0,08 V cm^{-1} , apenas 2-3 lagostins rastejaram lentamente para fora do campo elétrico, e os outros rastejaram nas zonas anódicas ou catódicas. Por vezes, os lagostins permaneciam junto aos eléctrodos ou subiam ao ânodo sem sofrerem choques. O teste de Mann-Whitney mostrou que a percentagem era significativamente mais elevada (p<0,05) do que o controlo a 0,10 V cm^{-1} (tensão de limiar I), e que nadava para trás em direção ao ânodo agitando a cauda a 0,14-0,16 V cm^{-1} (tensão de limiar II).

A 0,18-0,30 V cm^{-1} , os lagostins nadaram rapidamente para a frente entre os eléctrodos e as paredes do tanque, para fora do campo elétrico; nadaram para os lados, atravessando o campo elétrico; ou nadaram para trás com movimentos rápidos da cauda em direção ao ânodo. A resposta anódica máxima do grupo (72±7,3%) (p<0,05) ocorreu a 0,30 V cm^{-1} (Fig. 4, E4). A superestimulação a 0,32-0,46 V cm^{-1} também narcotizou o lagostim.

B. Experiência ao ar livre

A figura 5 mostra os resultados da experiência no exterior com três disposições de eléctrodos (E1, E2, E4). Na experiência com os eléctrodos na vertical no fundo (Fig. 5, E1), os lagostins no período de controlo moveram-se lentamente a uma temperatura baixa da água de 12,5°C, e moveram-se mais rapidamente quando a temperatura da água foi aumentada para 13,5°C. A resposta anódica do grupo durante o período de controlo foi de 27±6,7%. Com uma estimulação de 0,02-0,06 V cm^{-1} , a resposta anódica do grupo foi a mesma que a do controlo. O teste de Mann-Whitney mostrou que a resposta do grupo a 0,08 V cm^{-1} (tensão limiar I) foi significativamente superior (p<0,05) à do controlo. Os animais voltaram a nadar em direção ao ânodo, abanando a cauda a 0,14-0,16 V cm^{-1} (tensão de limiar II). Obteve-se uma resposta anódica positiva elevada do grupo (60±11,5%) a 0,24 V cm .$^{-1}$

A 0,28 V cm^{-1} ou mais, os lagostins debateram-se e não conseguiram manter-se de pé. Dois lagostins deitaram-se narcotizados na zona anódica. Para além do campo elétrico a 10 cm, os lagostins eram ainda afectados pela corrente eléctrica e rastejavam para os lados ou viravam-se e afastavam-se do campo elétrico. Mais longe do campo, rastejavam ao longo do lado do tanque ou assentavam os seus corpos no fundo.

Com eléctrodos a 5 cm sobre o fundo (Fig. 5, E2), os lagostins durante o período de controlo permaneceram na zona central ou deslocaram-se para a zona catódica, mas nenhum se deslocou para a zona anódica. A 0,04 V cm^{-1} (tensão de limiar I), quatro lagostins em três ensaios orientaram-se claramente paralelamente ao campo elétrico e ficaram de frente para o ânodo. Abaixo de 0,10 V cm^{-1} , cerca de 67-73% dos lagostins rastejaram para longe do campo elétrico para além do ânodo. A 0,12-0,14 V cm^{-1} (tensão de limiar II), os lagostins abanaram a cauda e nadaram de volta para o ânodo. A estimulação a 0,16 V cm^{-1} induziu (67±13,3%) dos animais a deslocarem-se em direção ao ânodo, mas intensidades mais elevadas de 0,20-0,26 V cm^{-1} induziram apenas (53±12,4) a fazê-lo. A electronarcose instalou-se a 0,28 V cm^{-1} . Fora do campo elétrico, os lagostins rastejavam livremente pelo tanque ou descansavam no fundo. Estes resultados mostraram mais uma vez que os lagostins não eram atraídos para o ânodo, mas evitavam o cátodo e tentavam escapar ao campo elétrico.

Outdoor Experiments

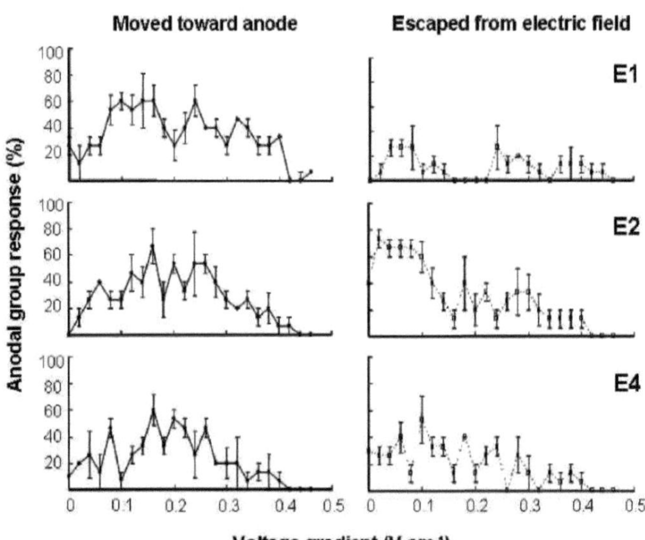

Fig. 5. Resposta do grupo anódico (média % ± S.E) sob várias intensidades de campo elétrico no tanque exterior com disposições de eléctrodos E1, E2, e E4. Os painéis da esquerda mostram o movimento anódico; os painéis da direita mostram lagostins que se afastaram do campo elétrico para além do ânodo.

Com os eléctrodos pequenos (Fig. 5, E4), a resposta do grupo anódico no período de controlo foi de 7±8,0%. A percentagem foi significativamente mais elevada (p<0,05) do que o controlo a 0,08 V cm⁻¹ (tensão limiar I). Metade dos lagostins (47±6,7%) deslocou-se em direção ao ânodo e rastejou para longe do campo elétrico para além do ânodo. Os lagostins agitaram a cauda e nadaram para trás a 0,14 V cm⁻¹ (tensão de limiar II). A resposta máxima do grupo anódico (60±11,5%) ocorreu a 0,16 V cm⁻¹ e diminuiu com o aumento da tensão. Dois animais apresentaram narcose na zona anódica a 0,30-0,46 V cm⁻¹ . Estes resultados também sugerem que os lagostins não foram atraídos pelo ânodo mas repelidos pelo cátodo.

Durante os períodos de controlo, as velocidades de arrastamento dos lagostins foram de 1,95-2,60 cm s⁻¹ e nunca nadaram para trás. Quando estimulados com intensidades de 0,26-0,32 V cm⁻¹ os lagostins nadaram para trás em direção ao ânodo a velocidades de 6,67-19,5 cm s .⁻¹

O quadro 1 resume as tensões de limiar para a orientação e o movimento anódico, a intensidade do campo elétrico mais eficaz e a electronarcose no lagostim. O limiar I variou entre 0,04-0,10 V cm⁻¹ e o limiar II entre 0,12-0,16 V cm⁻¹ . A intensidade de campo elétrico mais eficaz que induziu a resposta do grupo anódico foi de 0,24-0,30 V cm⁻¹ , quando a condutividade da água era de 625 pS cm⁻¹ no tanque interior a 28,0° C, e foi de 0,16-0.24 V cm⁻¹ , quando a condutividade era de 80-160 pS cm⁻¹ no tanque exterior a 12,5-17,0° C. A electronarcose instalou-se entre 0,32 e 0,46 V cm^{-1} no tanque interior, e entre 0,28 e 0,46 V cm^{-1} no tanque exterior. Os lagostins recuperaram da electronarcose alguns minutos depois de a corrente eléctrica ter sido desligada.

Tabela 1. Tensão limiar para a orientação anódica (I), movimento (II) e o campo elétrico mais eficaz que induziu a maior resposta do grupo anódico e electronarcose no lagostim americano.

Tanque de ensaio (Temperatura da água)	Disposição dos eléctrodos	Tensão de limiar (V cm)$^{-1}$		Campo elétrico mais eficaz (V cm)$^{-1}$	Electro-narcose (V cm)$^{-1}$
		I	II		
Depósito interior (28,0°C)	Eléctrodos em posição vertical no fundo (E1)	0.06	0.12 - 0.14	0.24	0.32
	Eléctrodos a 5 cm do fundo (E2)	0.04	0.12 - 0.16	0.26	0.34
	Eléctrodos a 10 cm do fundo (E3)	0.06	0.12 - 0.16	0.24	0.34
	Eléctrodos pequenos (E4)	0.10	0.14 - 0.16	0.30	0.32
Tanque exterior (12.5-17.0°C)	Eléctrodos em posição vertical no fundo (E1)	0.08	0.14 - 0.16	0.24	0.28
	Eléctrodos a 5 cm do fundo (E2)	0.04	0.12 - 0.14	0.16	0.28
	Eléctrodos pequenos (E4)	0.08	0.14	0.16	0.30

2.4. Discussão

Este estudo demonstrou claramente na experiência do tanque que, num campo elétrico uniforme, os lagostins americanos eram sensíveis ao campo elétrico e mostravam um ligeiro estremecimento das patas, indicando a deteção de um campo elétrico fraco a 0,02 V cm^{-1} . Os lagostins de água doce em campos eléctricos moderados de 0,12-0,30 V cm^{-1} apresentaram electrotaxia positiva ou movimento em direção ao ânodo. Na disposição do elétrodo E1 (vertical na parte inferior), o lagostim orientou-se para o ânodo, abanou a cauda, moveu-se em direção ao ânodo e continuou a abanar a cauda depois de atingir o ânodo. No entanto, nas disposições dos eléctrodos E2 e E3 (5 e 10 cm sobre o fundo), o lagostim moveu-se para o ânodo e rastejou para além dele para fora do campo elétrico. Este movimento para além do ânodo não pode ser explicado como electrotaxia positiva e pode ser interpretado como repulsão do cátodo.

O rastejar para a frente e o nadar para trás demonstrados pelos lagostins no presente estudo foram também documentados anteriormente no camarão rosa *Penaeus duorarum* (Higman, 1956; Kessler, 1965), no lagostim europeu *Astacus astacus* (Westman *et al.*, 1978), o lagostim *Nephrops norvegicus* (Stewart, 1974), o lagostim australiano *Panulirus cygnus* (Phillips e Scolaro, 1980), o lagostim americano *Homarus americanus* (Koeller e Crowell, 1998), o lagostim americano *Procambarus clarkii* (Kawai *et al.* 2004) e o camarão castanho *Crangon crangon* (Polet *et al.*, 2005).

No nosso estudo, determinámos a tensão de limiar I (0,04-0,10 V cm^{-1}), que induziu a orientação paralela do animal para o campo elétrico e o rastejamento para a frente em direção ao ânodo, e a tensão de limiar II (0,12-0,16 V cm^{-1}), que induziu o movimento da cauda e a natação para trás em direção ao ânodo (Quadro 1). Neste estudo, a tensão de limiar não variou com a temperatura da água. Kessler (1965) relatou que as tensões de limiar no camarão-rosa eram afectadas pela temperatura da água, sendo que os camarões testados a 14°C e 36°C tinham tensões de limiar médias mais elevadas do que os camarões testados a 20°C e 28°C. A tensão de limiar I de 0,04-0,06 V cm^{-1} para o lagostim de água doce no nosso estudo foi semelhante à do camarão rosa *Penaeus duorarum* (0,06 V cm^{-1}) de águas costeiras e estuários (Kessler, 1965), apesar do facto de a condutividade da água do mar ser cerca de 1.000 vezes superior à da água doce.

A intensidade de campo elétrico mais eficaz que induziu uma resposta de grupo anódica no lagostim americano foi mais elevada no tanque interior (0,24-0,30 V cm^{-1}) do que no tanque exterior (0,16-0,24 V cm^{-1}) (Quadro 1). Isto foi atribuído à condutividade da água da torneira, que foi afetada pela temperatura. Quanto mais iões, mais condutora é a água, resultando numa corrente eléctrica mais elevada. A condutividade foi de 625 pS cm^{-1} a 28° C no tanque interior e de 80-160 pS cm^{-1} a 12,5-17,0° C no tanque exterior.

A orientação do animal num campo elétrico é um fator importante na indução de movimentos anódicos. O lagostim americano necessitava de uma tensão de limiar para o movimento anódico que era 1,4 vezes superior quando estava virado para o cátodo do que quando estava virado para o ânodo. Os peixes precisavam de mais tensão para responder quando estavam virados para o ânodo do que quando estavam virados para o cátodo (Klima, 1972). O camarão rosa necessitava de cerca do dobro da tensão quando estava virado para o cátodo do que quando estava virado para o ânodo (Kessler, 1965). Wathne (1967) referiu que o camarão respondia muito mais prontamente quando o eixo do seu corpo estava perpendicular aos eléctrodos do que quando estava paralelo a eles. Klima (1968) concluiu que a tensão sentida pelo camarão varia não só com a sua orientação mas também com o seu comprimento total. Entretanto, os camarões maiores tinham limiares mais baixos do que os camarões mais pequenos (Kessler, 1965).

Em campos eléctricos fortes, os animais ficam atordoados (electronarcose), feridos ou mortos. No entanto, os lagostins americanos que sofreram electronarcose durante 5 minutos a 0,46 V cm^{-1} recuperaram rapidamente no espaço de 1 minuto sem qualquer efeito nocivo ou lesão (e independentemente da temperatura da água 12,5-28,0° C). Com intensidades de campo extremas, superiores a 20 V cm^{-1} , foi possível fazer com que as lagostas australianas perdessem as pernas, mas nenhuma lagosta morreu (Phillips e Scolaro, 1980). O lagostim europeu *Astacus astacus* (Westman *et al.*, 1978) ou o lagostim de garras brancas, *Austropotamobius pallipes* (Lereboullet, 1858) (Alonso, 2001), recolhidos por pesca eléctrica, muitas vezes não têm garras. Os lagostins mais pequenos são mais susceptíveis de perder os quelípedes. Também deve ser notado que a voltagem usada neste trabalho é notavelmente mais baixa do que a usada noutros estudos, que tipicamente varia entre 3-7 V cm^{-1} (e.g. Westman *et al.,* 1978; Penczak e Rodriguez, 1990; Fievet, 1996; Bernardo *et al.,* 1997).

O conhecimento da mudança de comportamento dos lagostins com a intensidade do campo elétrico pode ser aplicado para os controlar e capturar durante a pesca eléctrica. A intensidade de campo elétrico mais eficaz (0,16-0,30 V cm^{-1}) que induz uma resposta de grupo anódica pode ser utilizada para conduzir os lagostins para uma armadilha ou rede. Esta intensidade deve ser cuidadosamente ajustada para evitar a electronarcose, que ocorre com uma intensidade um pouco mais elevada, 0,28-0,34 V cm^{-1} . Quando os lagostins ficam insensíveis a um campo elétrico elevado, têm de ser recolhidos imediatamente antes de recuperarem da narcose. Isto requer trabalho e tempo para os pescadores. Embora o ajuste não seja fácil, a dificuldade pode ser ultrapassada através da melhoria da habilidade de pesca.

Para a erradicação, podemos aprender com estudos anteriores (e.g. Ribbens e Graham, 2004; Reeve, 2004) usando a pesca eléctrica para a remoção, que parece bem sucedida na captura de todas as classes etárias de lagostins americanos; no entanto, eliminá-los completamente é impraticável. Este trabalho só é eficaz em riachos pouco profundos, campos de arroz húmidos ou pequenos lagos, e só captura uma parte limitada da população de lagostins; por conseguinte, não é um método viável de controlo. A pesca eléctrica sobre as zonas de desova dos peixes deve ser evitada. Qualquer espécie indígena de lagostim capturada ou outros organismos aquáticos devem ser libertados de forma humana.

Capítulo 3
FOTOTAXIA NO LAGOSTIM AMERICANO
3.1. Estudo de viabilidade
3.1.1. Introdução

O lagostim americano *Procambarus clarkii* (Girard, 1852) é um importante produto da aquacultura nos Estados Unidos (Huner e Barr, 1991; Romaire, 1995), na China (Huner, 1998a), em Espanha (Ackefors, 1999) e noutros países. São também pragas invasivas em vários países onde foram introduzidos. No Japão, o lagostim americano e o lagostim de sinal *Pacifastacus leniusculus* (Dana, 1852) tiveram efeitos ecológicos adversos sobre o lagostim indígena *Cambaroides japonicus* (De Haan, 1841), competindo com ele por habitat, abrigos e recursos (Saito e Hiruta, 1995; Usio *et al.*, 2001; Nakata e Goshima, 2003; Nakata *et al.*, 2006), pelo que é necessário desenvolver métodos de erradicação economicamente viáveis.

Vários métodos de pesca ativa e passiva estão a ser utilizados para a captura de lagostins, por exemplo, redes de cerco (Huner, 1994), redes de arrasto (Faulkner e Huner, 1994), redes de pesca (Balik *et al.*, 2005) e armadilhas com isco (Bean e Huner, 1979; Huner, 1998b; McClain *et al.*, 1998). A utilização de redes de cerco e de arrasto ou de redes de arrasto é ineficaz nos charcos com vegetação (D'Abramo e Niquette, 1991). No entanto, o equipamento de pesca eléctrica melhorou a eficiência da pesca com redes de imersão ou redes de arrasto em lagos com vegetação (D'Abramo e Niquette, 1991), e a natureza da electrotáxis no lagostim americano foi demonstrada (Ahmadi *et al.*, 2008).

No passado, os lagostins norte-americanos (géneros *Astacus* e *Cambarus*) eram frequentemente capturados à noite, acendendo uma fogueira perto da margem de um lago ou rio para os atrair para a margem (Chidester, 1912). Westman *et al.* (1978) utilizaram lâmpadas a gás ou faróis de automóveis alimentados por baterias para recolher amostras do lagostim europeu *Astacus astacus* (Linnaeus, 1758). Enquanto Kozak *et al.* (2007) examinaram as preferências de intensidade luminosa do lagostim americano.

Experimentalmente, a gama de intensidades de luz que produz uma resposta comportamental nos lagostins é ainda pouco conhecida. Fernandez-de-Miguel e Arechiga (1992) examinaram o efeito da colocação de uma lâmpada branca acima de uma câmara contendo *P. clarkii* e mostraram que eles eram positivamente fototácticos a baixas intensidades de luz (0,17-1,4 1x), mas negativamente fototácticos a intensidades mais altas (acima de 5,6 lx). Kozak *et al.* (2007) relataram que o lagostim americano apresentou resposta fototática positiva à luz forte a 1.000 lx. Assim, a informação sobre a resposta fototáctica do lagostim americano é inconsistente.

Os ensaios de recolha de lagostins utilizando luzes, através de experiências em laboratório e em lagos, estabeleceram a magnitude das respostas dos grupos de lagostins a diferentes intensidades de lâmpadas incandescentes ou a diferentes cores de lâmpadas LED. Especificamente, os ensaios em lagos foram considerados cruciais para abordar os requisitos essenciais para comercializar a cultura ou desenvolver medidas de controlo ambiental das espécies.

3.1.2. Materiais e métodos
A. Experiência laboratorial

O objetivo desta experiência laboratorial foi examinar as respostas fototácticas de *P. clarkii* a diferentes intensidades de lanternas de 4,5 W num tanque de PVC. As experiências no interior foram realizadas no Laboratório de Tecnologia Pesqueira da Faculdade de Pescas da Universidade de Kagoshima, de junho a novembro de 2006.

Foram utilizados dois grupos de *P. clarkii*, cultivados e selvagens, nas experiências em recinto fechado. Os lagostins ($N=64$) foram agrupados de acordo com a idade e o tamanho em três estádios de desenvolvimento, seguindo os critérios estabelecidos (Suko, 1953) da seguinte forma (1) adultos cultivados ($N=10$) e selvagens ($N=10$), sexualmente maduros e medindo 55 mm ou mais de comprimento total; (2) juvenis cultivados ($N=10$) e selvagens ($N=14$), com 1-3 meses de idade e menos de 33,9 mm de comprimento total; e (3) o segundo lagostim pós-embrionário ($N=20$), com 10-14 dias de idade e menos de 11,8 mm de comprimento total. Os animais adultos foram obtidos de fornecedores locais, enquanto que os juvenis e os segundos animais pós-embrionários foram incubados e criados no nosso laboratório. Os indivíduos foram utilizados repetidamente na mesma experiência. Antes das observações, cada adulto e juvenil foi marcado na carapaça dorsal com um marcador branco à prova de água para facilitar a identificação. Os adultos e os juvenis foram mantidos num tanque de cloreto de polivinilo (PVC) de 240 L (190 x 42 x 40 cm) cheio de água da torneira (30 22 cm de profundidade) a 24,5-28° C. O tanque tinha um substrato de areia no fundo (2,5 cm de espessura) e a qualidade da água foi mantida com um filtro de fundo (Fig. 6A). Os lagostins na segunda fase pós-embrionária foram mantidos num tanque de vidro de 15,5 L (60 x 21,5 x 19 cm) cheio de água da torneira (12 cm de profundidade) a 16-20° C e sem substrato de areia (Fig. 6B). A concentração de oxigénio dissolvido foi de 4,8 mg L^{-1}, determinada com um medidor de oxigénio dissolvido (YSI 85, YSI Inc., EUA). Os animais foram alimentados duas vezes por semana com granulados comerciais de lagostim (Japan Pet Drugs, Tóquio) a 0,5% do seu peso corporal.

Os lagostins pós-mudança também foram examinados quanto às respostas fototácticas no mesmo tanque e nas mesmas condições de luz que as utilizadas para os adultos e os juvenis. Foram examinados 42 juvenis e 16 adultos, quer recém-mudados, quer várias horas após a muda.

Os lagostins foram manuseados de acordo com os métodos prescritos no Guia para o Tratamento e Utilização de Animais de Laboratório da Universidade de Kagoshima.

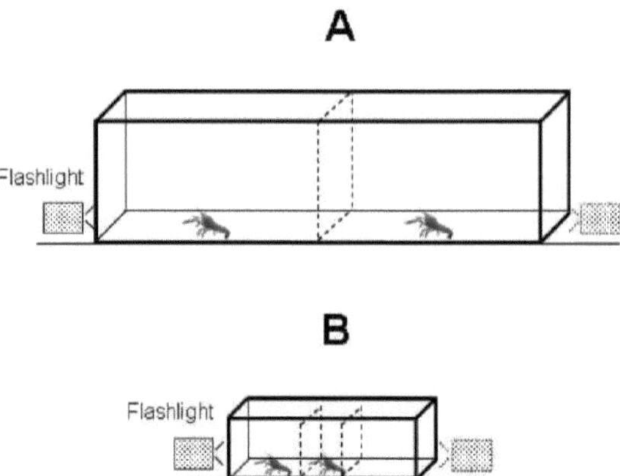

Fig. 6. Aparelhos experimentais para as experiências no interior. A: um tanque de PVC utilizado para adultos e juvenis; B: um tanque de vidro utilizado para o segundo pós-embrião do lagostim. As linhas a tracejado no centro dos tanques indicam onde foram colocadas as divisórias. Uma lanterna é colocada na extremidade esquerda ou direita dos tanques.

Os tanques foram colocados no interior de uma câmara de veludo negro em forma de caixa (2,8 x 1,5 x 1,75 m) para evitar a interferência da luz exterior e outras perturbações. A luz exterior podia ainda penetrar através do veludo negro, o que resultava numa luz fraca, mas não foi observado qualquer efeito adverso nos animais, dado que a maior parte deles permanecia imóvel. Durante a noite, foi ligado um candeeiro de teto (384 W) para proporcionar um ambiente de luz ambiente semelhante ao do dia. Todas as experiências foram efectuadas com as mesmas apresentações luminosas, tanto na ausência como na presença de abrigos nos tanques. Para os adultos e juvenis, os abrigos foram feitos de pedaços de canos de PVC (4,8 cm de diâmetro, 15 cm de comprimento), enquanto que para o segundo lagostim pós-embrionário os abrigos utilizados foram plantas aquáticas artificiais.

Foi utilizada uma lanterna de 4,5 W como fonte de luz. A intensidade da luz foi variada com 1 a 10 filtros de papel branco, e a intensidade da luz a 5 cm de distância das lâmpadas foi determinada com um iluminómetro (IM-2D, Topcon Ltd., Japão). A intensidade da luz variou de 46 a 1.290 lx. A lanterna foi colocada a 5 cm do lado esquerdo ou direito ao longo do eixo da parede do tanque, em linha com os animais no interior do tanque. Para evitar sombras ou a reflexão do feixe de luz no lado oposto da parede do aquário, foi utilizado um ecrã preto reversível. Este ecrã foi pintado com tinta preta sem brilho e colocado na extremidade oposta da luz no interior da parede do tanque.

As observações dos movimentos dos lagostins antes e depois do início da luz foram efectuadas tanto de dia como de noite. A duração do estímulo luminoso nas respectivas intensidades foi de 5 min em 5 ensaios com o adulto ou juvenil, e 5 min em 3 ensaios com o segundo lagostim pós-embrionário; isto incluiu a inversão da fonte de luz de um lado do tanque para o outro. Os lagostins tiveram 2 minutos de descanso após cada ensaio. Para observar os lagostins no escuro, foi usada uma lanterna de 1,5 W com luz fraca durante 2-3 segundos a partir da parede lateral do aquário, o que não pareceu afetar o comportamento dos lagostins.

Antes de cada ensaio, os adultos ou juvenis foram confinados entre o centro e a zona escura do aquário com uma divisória de PVC, proporcionando-lhes assim espaço suficiente para rastejarem livremente. No início de cada ensaio houve um período de controlo de 5 minutos, em que a divisória foi retirada e os lagostins puderam mover-se livremente. Em seguida, a divisória era devolvida ao seu lugar original e os lagostins eram novamente confinados. O ensaio consistiu em estabilizar a luz durante 15 s, colocando uma divisória preta em frente da fonte de luz, removendo a divisória e aplicando o estímulo luminoso durante 5 min a uma determinada intensidade. O segundo estágio pós-embrionário do lagostim foi confinado no centro do tanque com duas divisórias de PVC colocadas a 13 cm de distância. O procedimento experimental foi o mesmo que o utilizado para os adultos e juvenis.

Os movimentos dos animais durante a estimulação em cada ensaio foram observados durante 5 minutos (período de ensaio) e registados com uma câmara de vídeo digital (Sony DCR-TRV18, Tóquio). O rastejar direcional em direção à fonte de luz durante o período de teste de 5 minutos foi considerado uma *resposta positiva*. O movimento do animal, rastejando para longe da luz durante a estimulação e permanecendo na zona escura durante um longo período de tempo (5-25 min), foi definido como *resposta negativa*.

Para a análise quantitativa da resposta à luz, a magnitude da resposta do grupo (GR) (%) foi definida para cada ensaio pela seguinte fórmula para adultos ou juvenis:

$$\text{Magnitude of GR} = \frac{\text{No. of Cp}}{\text{No. of crayfish in test}} \times 100$$

Para o segundo lagostim pós-embrionário:

$$\text{Magnitude of GR} = \frac{\text{No. of Cp} - \text{No. of Cn}}{\text{No. of crayfish in test}} \times 100$$

Onde Cp é o lagostim que apresenta uma resposta positiva e Cn é o lagostim que apresenta uma resposta negativa.

Os valores percentuais de 5 ensaios em cada intensidade luminosa foram comparados estatisticamente com a percentagem no período de controlo utilizando o teste Mann-Whitney (Conover, 1980). Quando os valores do teste eram positivos e significativamente superiores ao valor de controlo, a resposta do grupo era considerada *positiva*. Quando os valores do teste eram negativos e eram significativamente superiores ao valor de controlo, a resposta do grupo era considerada *negativa*. As intensidades de limiar para respostas positivas ou negativas foram determinadas ao nível de 5%.

B. Experiência de armadilhagem

O objetivo da experiência de armadilhagem foi examinar o mecanismo da fototaxia em *P. clarkii* seguindo diferentes métodos de armadilhagem. As experiências de armadilhagem foram realizadas durante a noite na Faculdade de Pescas da Universidade de Kagoshima, de julho a novembro de 2007.

Quatrocentos lagostins adultos (31-57 mm de comprimento da carapaça) com uma proporção de 1:1 entre machos e fêmeas foram obtidos de fornecedores locais e usados neste estudo. Eles foram mantidos em um tanque de peixes de concreto de 3.200 L (10,0 x 5,8 x 0,7 m) com água da torneira (55 cm de profundidade) a 18,5-29,5°C. Foram alimentados duas vezes por semana com comida de camarão kuruma (Higashimaru, Kagoshima, Japão) numa proporção de 0,5-1% do seu peso corporal. A erva aquática *Hydrilla verticillata* e o zooplâncton foram introduzidos no tanque e mantidos como alimentos naturais para os lagostins. Uma rede de polietileno e uma folha de plástico azul foram colocadas por cima do tanque para reduzir a radiação solar e inibir o crescimento indesejável de algas. Abrigos feitos de pedaços de tubos de PVC (aproximadamente 15 cm de comprimento e 6 cm de diâmetro) foram colocados no tanque. A aeração foi aplicada durante 24 horas. O oxigénio dissolvido era de 5,7-6,7 mg L^{-1} , medido com um medidor de oxigénio dissolvido (YSI 85, YSI Inc., EUA).

Foram construídas quatro armadilhas em forma de caixa com as mesmas dimensões e materiais (Fig. 7). Tratava-se de armadilhas iluminadas, com luz fraca, com isco e sem isco. Para as armadilhas com luz e com luz fraca, foi colocada uma lâmpada de 4,5 W dentro de uma caixa de acrílico impermeável (14 x 8 x 15 cm) e fixada no centro da base da armadilha. Para a lâmpada com luz fraca, foi utilizado papel branco para forrar as paredes da caixa. A intensidade luminosa de ambas as lâmpadas foi de 2.050 e 1.010 lx a 5 cm de distância das lâmpadas. A turvação da água do tanque foi de 1 -15 FTU (Formazin turbidity unit) determinada com um espetrofotómetro (DR-2000, HACH, USA).

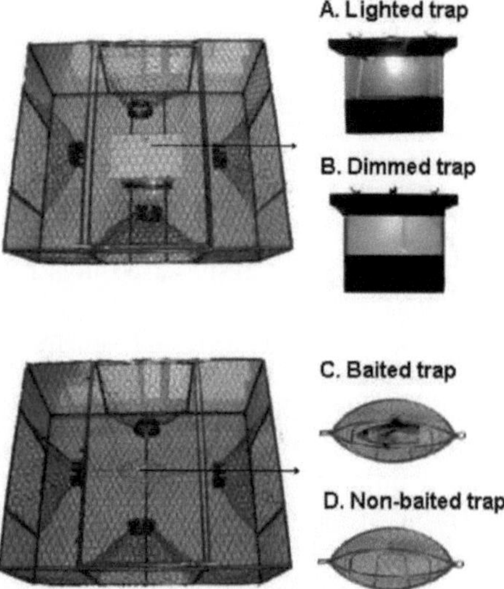

Fig. 7. Armadilhas utilizadas durante as experiências de armadilhagem. Foram construídas quatro armadilhas em forma de caixa com armação de ferro de 6 mm (60 cm de comprimento por 50 cm de largura por 25 cm de altura) e rede hexagonal preta de 1,5 cm (arames revestidos a PVC de calibre 16). A armadilha tinha quatro grandes funis de entrada situados de cada lado da armadilha, com uma entrada em anel interior de 6 cm. Um alçapão (48 x 25 cm) na parte superior permitia retirar a captura.

Para a armadilha com isco, foi colocado um pedaço de cavala do Pacífico *Scomber japonicus* (33-60 g) num recipiente de arame para isco (14 x 6 cm) entre as entradas do funil. O isco que restou após a recuperação da armadilha foi novamente pesado para determinar a quantidade real de isco consumido. A armadilha sem isco serviu de controlo.

As armadilhas foram colocadas em posições aleatórias ao pôr do sol e retiradas na manhã seguinte. O tempo de imersão variou de 12 a 14 horas. Quando as armadilhas foram retiradas, os lagostins foram verificados quanto ao sexo, comprimento da carapaça, comprimento do corpo, comprimento dos quelípedes, peso e libertados no tanque. Durante a noite, o comportamento dos animais à volta das armadilhas foi observado utilizando uma lanterna de 1,5 W que não perturbou o comportamento dos lagostins. O número total de tentativas de armadilhagem foi de 35, consistindo em 4 tentativas na primeira experiência (armadilhas iluminadas e escurecidas), 10 tentativas na segunda experiência (todos os tipos de armadilhas) e 10 tentativas na terceira experiência (armadilhas iluminadas, escurecidas e sem isco) e 11 tentativas na quarta experiência (um seguimento da terceira experiência em que a quantidade de arejamento foi aumentada).

Para a análise estatística, foi utilizado o teste de Mann-Whitney para comparar as capturas entre as armadilhas iluminadas e as armadilhas com luz fraca ao nível de 5% na primeira experiência. O teste de Kruskal-Wallis foi utilizado na segunda, terceira e quarta experiências para examinar as diferenças entre as armadilhas. O teste de comparação múltipla foi efectuado para verificar quais as capturas que diferiam entre as armadilhas.

3.1.3. Resultados

A. Experiências laboratoriais

Nas experiências de laboratório, os adultos e os juvenis apresentaram uma fotorresposta de grupo positiva, independentemente de serem selvagens ou de cultura, e a magnitude da resposta de grupo tendeu a aumentar com a intensidade da luz (Fig. 8). Na escuridão diurna (escuridão diurna) e na escuridão nocturna (escuridão nocturna), a maior parte dos adultos e juvenis tendia a permanecer imóvel durante o período de controlo, tendo a resposta do grupo de controlo variado entre $1 \pm 1,4\%$ (média % $\pm$ SE) e $10 \pm 4,5\%$ (Quadro 2).

Durante os períodos de teste no escuro durante o dia, os adultos e os juvenis apresentaram respostas fotopositivas típicas em relação à fonte de luz e mostraram uma maior magnitude de resposta do grupo na ausência de abrigos do que na presença de abrigos (teste de Mann-Whitney, $p<0,05$). Os limiares de intensidade luminosa determinados para adultos e juvenis são apresentados no Quadro 2. O limiar mais baixo foi de 46 lx para os juvenis na presença de abrigo no escuro noturno e o limiar mais elevado foi de 659 lx na presença de abrigo no escuro diurno. Não foi detectada qualquer tendência consistente entre os escuros diurnos e noturnos e entre os adultos e os juvenis, uma vez que o limiar variou muito e não foi determinado para os adultos no escuro noturno devido à baixa magnitude da resposta do grupo durante os períodos de teste. A magnitude da resposta do grupo foi significativamente mais elevada no escuro diurno do que no escuro noturno (teste de Mann-Whitney, $p<0,01$).

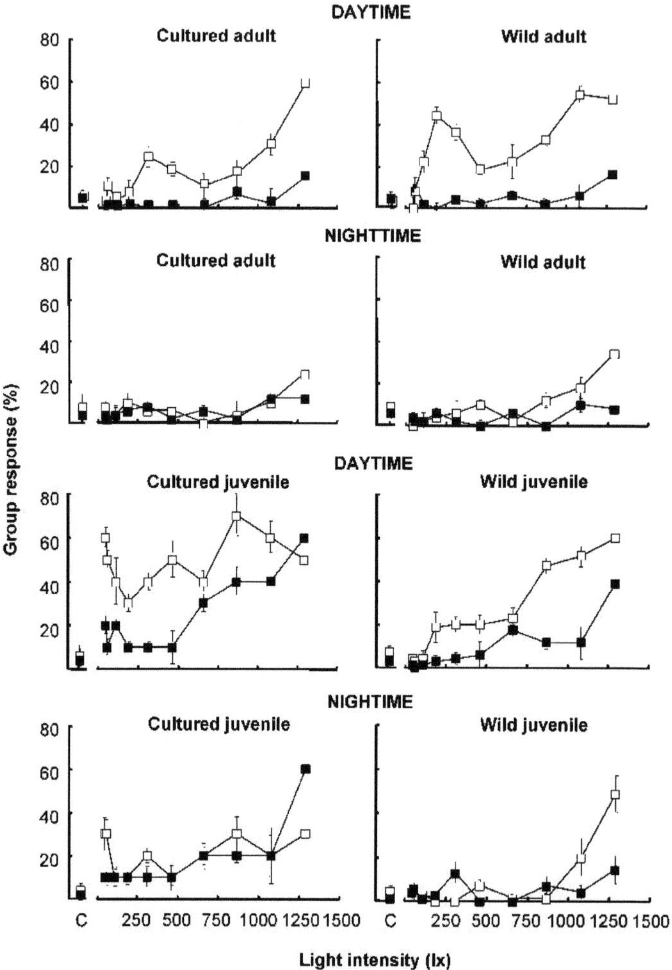

Fig. 8. Resposta do grupo (média % □ SE) de adultos e juvenis às luzes durante o controlo (C) sem luz e em diferentes intensidades de luz tanto na ausência (quadrados abertos) como na presença de abrigos (quadrados preenchidos).

Tanto no escuro diurno como no escuro noturno, os adultos e os juvenis apresentaram uma maior magnitude de resposta de grupo a intensidades de luz mais elevadas, especialmente na ausência de abrigos. A 1.290 lx (a intensidade mais elevada testada), os adultos cultivados e selvagens rastejaram pelo tanque ou deslocaram-se para a fonte de luz, alcançaram a fonte de luz em menos de um minuto (24-57 s) em diferentes pontos de partida da fonte de luz (100-185 cm). A magnitude média mais elevada da resposta do grupo durante o dia foi de 70 ± 4,5% a 866 lx para os juvenis em cultura e de 60 ± 4,8% a 1.290 lx para os adultos em cultura (Fig. 8). A intensidade luminosa mais elevada induziu a maior resposta positiva do grupo e foi mais atractiva para os adultos e os juvenis (Quadro 3). As fotorrespostas positivas na ausência de abrigos foram significativamente mais elevadas (p<0,01) do que na presença de abrigos na maior parte do tempo. A resposta às luzes foi significativamente maior (p<0,01) durante o escuro diurno do que no escuro noturno, e aumentou proporcionalmente com as intensidades de luz. Os juvenis cultivados foram mais atraídos pelas luzes do que os selvagens.

Tabela 2. Magnitude da resposta do grupo (média % ± SE) em adultos e juvenis durante os períodos de controlo.

Lagostins	Amplitude da resposta do grupo de controlo (%)			
	Dia		Noite	
	Sem abrigo	Com abrigo	Sem abrigo	Com abrigo
Adulto cultivado	6 ± 2.4	6 ± 4.0	8 ± 3.7	4 ± 8.9
Adulto selvagem	4 ± 2.4	4 ± 2.4	10 ± 4.5	6 ± 2.4
Juvenil cultivado	6 ± 4.0	4 ± 2.0	4 ± 2.4	2 ± 2.0
Juvenil selvagem	7 ± 2.3	3 ± 2.9	3 ± 1.8	1 ± 1.4

No segundo lagostim pós-embrionário, estes juntaram-se frequentemente no centro do tanque, mas tenderam a mover-se contra a posição da fonte de luz e a magnitude média da resposta do grupo de controlo foi negativa; de -14 ± 4,3% para -10 ± 2% no escuro diurno e de -21 ± 2,9% para -4 ± 2,4% no escuro noturno (Fig. 9). Durante os períodos de teste no escuro diurno, apresentaram respostas fototácticas negativas típicas a intensidades de luz elevadas e a magnitude da resposta do grupo oscilou entre -30 ± 5,7% e -39 ± 6,9%. No escuro diurno, a intensidade luminosa limiar para a fototaxia negativa foi determinada como 111 lx, tanto na presença como na ausência de abrigos. No escuro noturno, por outro lado, não apresentaram uma resposta fototáctica forte e a intensidade luminosa limiar foi determinada apenas na presença de abrigo como 46 lx.

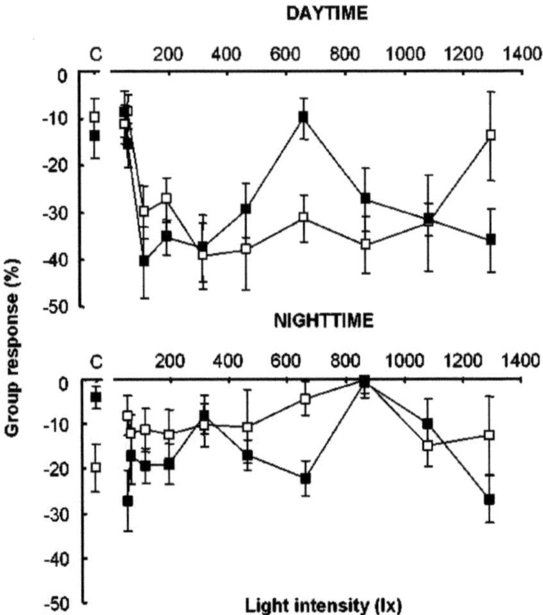

Fig. 9. Resposta do grupo (média % ± SE) do segundo lagostim pós-embrionário durante o controlo (C) sem luz e com diferentes intensidades de luz, tanto na ausência (quadrados abertos) como na presença de abrigos (quadrados preenchidos).

Os juvenis e adultos após a muda tendiam a rastejar para longe da luz e a permanecer no escuro durante várias horas após a muda. Comportaram-se negativamente fototácticos quando estimulados a 461-1.290 lx, e mostraram pouca ou nenhuma resposta a intensidades inferiores. Na presença de abrigos, apenas três animais se esconderam dentro de abrigos durante um longo período de tempo.

Tabela 3. Intensidades luminosas limiares e intensidades luminosas mais eficazes que induziram a fototaxia positiva mais elevada em adultos e juvenis.

Lagostins	Intensidades luminosas de limiar (lx)		Intensidades luminosas mais eficazes (lx)			
	Sem abrigo	Abrigo presente	Sem abrigo		Abrigo presente	
	Dia Noite	Dia Noite	Hora do dia	e Noite	Dia	Noite
Adulto cultivado	312***	******	1,290	1,290	1,290	1,290
Adulto selvagem	111***	58***	1,290	1,080	1,080-1,290	1,290

Juvenil cultivado	4646	5846	1,290	1,290	866-1,290	866-1,290
Juvenil selvagem	190***	65946	1,290	1,290	866-1,290	1,290

***, o limiar não é determinado.

B. Experiência de armadilhagem

Os resultados das sequências de experiências de armadilhagem estão resumidos na Tabela 4. Na primeira experiência com as armadilhas iluminadas e escurecidas, os lagostins rastejaram em direção às armadilhas e procuraram as entradas do funil. Treparam e rastejaram para as armadilhas e agarraram-se à rede, mas a maioria permaneceu imóvel fora da armadilha, de frente para a luz. No interior das armadilhas, os animais rastejavam, abanavam a cauda quando se encontravam uns com os outros ou elevavam a sua postura em frente da luz. Não se registaram diferenças significativas nas capturas totais entre os dois tratamentos de armadilhas (teste Mann Whitney, p>0,05).

Tabela 4. Número total de capturas em cada tratamento de armadilha. O número de lagostins no tanque foi de 400 e as capturas foram libertadas no tanque para o ensaio seguinte.

Experiência (temperatura da água)	N.º de ensaios	Armadilhas	Apanhar		
			Masculino	Feminino	Total
I	4	Iluminado	33	36	69
(28.0 - 29.5°C)		Escurecido	35	27	62
II	10	Iluminado	22 (1)	11	33 [b]
(29.0 - 28.0°C)		Escurecido	20	15	35 [b]
		Engodo	111 (4)	68	179 [**a]
		Não iscado	19 (1)	11	30 [b]

III	10	Iluminado	50(4)	43 (4)	93 [**a]
(28.5 - 26.0°C)		Escurecido	26	25	51 [*b]
		Não iscado	23	7	30 [c]
IV	11	Iluminado	21	22	43
26.5 - 18.5°C		Escurecido	32	12	44
		Não iscado	25	10	35
	Total		417(10)	287(4)	704

- Diferenças significativas entre a, b e c. *P<0,05; **P<0,01
- Os números entre parêntesis indicam o número de lagostins pós-molte (1-2 dias após a muda).

Na segunda experiência com as armadilhas iluminadas, escurecidas, com isco e sem isco, quando a armadilha com isco foi baixada para o fundo do tanque, os animais aproximaram-se da entrada do isco rastejando. Os animais esforçavam-se por tocar no isco, introduzindo as garras e as patas através do recipiente do isco. No primeiro dia de ensaios, quando não foi dado nenhum alimento em pellets, a captura na armadilha com isco aumentou rapidamente durante as primeiras horas após a colocação da armadilha, o isco foi rapidamente consumido e foram capturados 47 lagostins. Nos dias seguintes, quando os animais foram alimentados diariamente com pellets, as capturas na armadilha com isco diminuíram notavelmente para 10-21/dia. A atração do isco também diminuiu, os lagostins consumiram 18 a 45 % do isco de peixe dado, indicando que a maioria dos lagostins ainda estava saciada. O efeito desta frequência de alimentação foi seguido por uma diminuição das capturas nas outras armadilhas (3-4 em média por torneira). Durante o dia, os lagostins também consumiam vorazmente a erva aquática presente no tanque. No interior da armadilha, rastejavam ao longo da base da armadilha, trepavam e agarravam-se à rede ou lutavam entre si. Estes comportamentos foram também observados nos lagostins capturados na armadilha sem isco. A armadilha com isca capturou um número significativamente maior de lagostins do que as outras três armadilhas (teste de comparação múltipla, p<0,01), e não houve diferença significativa nas capturas entre as armadilhas iluminadas, escurecidas e sem isca (teste de Kruskal-Wallis, p>0,05).

Na terceira experiência, o desempenho das armadilhas iluminadas e escurecidas foi comparado com o de uma armadilha não iscada. Registaram-se diferenças significativas nas capturas totais entre as três armadilhas (teste de Kruskal-Wallis, p<0,05), e as armadilhas iluminadas e com luz fraca capturaram um número significativamente maior de lagostins do que a armadilha sem isco (teste de comparação múltipla, p<0,05).

Na quarta experiência com armadilhas iluminadas, escurecidas e sem isca, a temperatura da água diminuiu largamente de 26,5 para 18,5°C, os lagostins permaneceram activos (3-4 na captura média por armadilha por dia) e foram atraídos pelas luzes, mas não foram tão activos como eram em águas mais quentes. Não se registaram diferenças significativas nas capturas totais entre as três armadilhas (teste de Kruskal-Wallis, p>0,05), mesmo quando a quantidade de arejamento foi aumentada.

A proporção entre os sexos das capturas dos 35 ensaios noturnos foi notavelmente tendenciosa para os machos; 417 machos, incluindo 10 lagostins pós-molte com casca mole, e 287 fêmeas incluindo 4 lagostins pós-molte (Tabela 4). Entre estes 14 lagostins de carapaça mole, 9 eram da armadilha iluminada, 4 da armadilha com isco e 1 da armadilha sem isco. Recolhemos carapaças vazias de 45 lagostins para além destes lagostins de casca mole, mas foi difícil determinar a proporção exacta de muda.

O tamanho dos lagostins capturados variou de 24 a 58 mm de comprimento de carapaça e não houve diferenças significativas entre as capturas das respectivas quatro armadilhas (p>0,05) (Fig. 10).

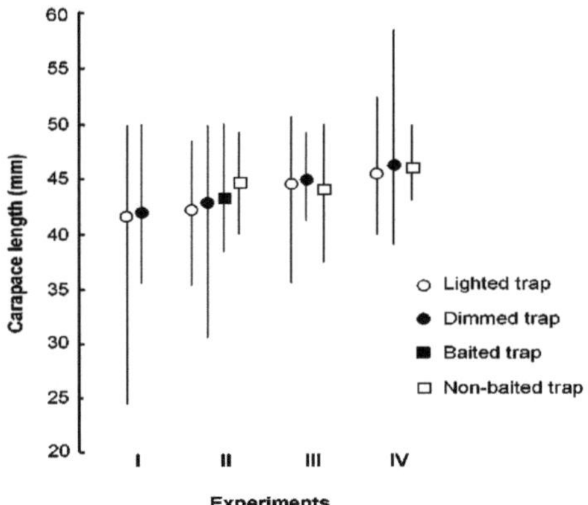

Fig. 10. Comprimento médio da carapaça (mm) e variação dos lagostins machos capturados pelas armadilhas da primeira à quarta experiências.

3.1.4. Discussão

As nossas experiências no tanque mostram que a resposta fototáctica positiva é muito mais intensa no escuro diurno do que no escuro noturno. No entanto, há muito que se sabe que os lagostins americanos são animais noturnos e que os níveis de atividade locomotora geral são muito maiores durante a noite do que durante o dia (Page e Larimer, 1972; Gherardi et al., 2000). Os lagostins emergem de esconderijos diurnos (por exemplo, rochas em riachos ou vegetação densa em lagos e lagoas) à noite para procurar comida ou para evitar a predação (Hill e Lodge, 1994; Garvey et al., 1994). A escuridão diurna pode ser uma condição de luz invulgar para os lagostins que nunca a experimentaram.

Embora a resposta positiva do grupo tenha variado muito no presente estudo, é evidente que os lagostins americanos juvenis e adultos são positivamente fototácticos e podem ser atraídos para uma armadilha equipada com uma lâmpada. A fototaxia positiva tornou-se mais proeminente com o aumento da intensidade da luz no laboratório, mas a armadilha inesperadamente não mostrou diferenças na captura entre armadilhas iluminadas e escurecidas. A intensidade luminosa da armadilha escurecida era de 1.010 lx, ou seja, apenas metade da intensidade luminosa da armadilha iluminada, que era de 2.050 lx. A diferença na intensidade da luz pode não ser suficientemente grande para causar uma captura diferente e ambas as luzes eram suficientemente atractivas para atrair os lagostins para as armadilhas no lago.

Nas experiências de armadilhagem, foram capturados muitos mais machos do que fêmeas em todos os tipos de armadilhas, enquanto a proporção entre os sexos da população era de 1:1 no lago (Quadro 4). Este tipo de captura dominante de machos também é relatado para *Astacus leptodactylus* (Eschscholtz, 1823) em redes de pesca num lago (Balik *et al.*, 2005), o lagostim sinaleiro *Pacifastacus lenius- culus* (Dana, 1852) ou o lagostim de patas brancas *Austropotamobius pallipes* (Lere- boullet, 1858) ou o lagostim nobre *Astacus astacus* (Linnaeus, 1758) em armadilhas com isco em rios (Reeve, 2004; Gallagher *et al*, 2005; Faller *et al.*, 2006), o lagostim-ferrugíneo *Orconectes rusticus* (Girard, 1852) ou *Orconectes virilis* (Hagen, 1870) e *Cambarus bartoni* (Fabricius, 1798) de armadilhas com isco em lagos (Somers e Green, 1993; Hein *et al.*, 2007). A rede de pesca e a armadilha são artes passivas e a sua captura depende em grande parte da atividade dos animais e da competição entre machos e fêmeas. Os lagostins em muda são menos activos, especialmente as fêmeas (Reynolds, 2002). As fêmeas portadoras de ovos são também menos activas do que os machos (Holdich, 2002). Tornam-se mais activas depois de libertarem as crias e se prepararem para o acasalamento (Richards *et al.*, 1996; Reeve, 2004; Faller *et al.*, 2006). De acordo com este estudo, as fêmeas com ovos podem ser atraídas para uma armadilha iluminada. Os lagostins com quelas maiores ganham interações competitivas por abrigo (Capelli e Munjal, 1982). Os lagostins americanos machos têm quelas maiores do que as fêmeas do mesmo tamanho e os machos podem inibir as fêmeas de entrar nas armadilhas. Talvez seja por isso que as fêmeas representaram apenas 41% do total de capturas no presente estudo. Apesar de as armadilhas serem utilizadas preferencialmente para os machos, a proporção de fêmeas nas capturas aumentaria quando a densidade populacional diminuísse e as interações competitivas fossem raras. De acordo com Brown e Bowler (1977), as fêmeas "evitam" as armadilhas independentemente do estado de reprodução, pelo que a proporção entre os sexos nem sempre representa a situação real da população.

É interessante notar que os lagostins de concha mole foram capturados na armadilha iluminada. No laboratório, verificámos que os lagostins pós-muda, algumas horas após a muda, tendiam a rastejar para longe das luzes. Quando o lagostim muda, o olho funciona menos bem devido ao facto de a córnea antiga se ter descolado pouco antes da muda, e isto provavelmente continua durante várias horas até que a nova córnea endureça. O comportamento fotonegativo durante o período de recuperação pode ser mediado pelo fotorreceptor caudal localizado no sexto gânglio abdominal. Sabe-se que a iluminação da cauda produz uma flexão da cauda seguida de uma marcha para trás (Edwards, 1984). A captura dos lagostins de carapaça mole na armadilha iluminada pode indicar que o olho recupera a sua função logo após a muda e que os lagostins se tornam novamente fotopositivos.

A utilização da luz é vantajosa na apanha de lagostins pós-molde. Os lagostins pós-molte não são atraídos por comida ou isco porque não têm apetite durante vários dias após a muda (Nakamura, 1980). O problema está associado à sua parte bucal e ao seu aparelho digestivo. À medida que o revestimento do intestino anterior se desprende, os gastrólitos caem no lúmen do intestino anterior, onde são gradualmente decompostos e o seu conteúdo é maioritariamente reabsorvido pelo epitélio intestinal e pelo hepatopâncreas (Travis, 1960). As reservas corporais de cálcio são utilizadas para recalcificar as peças bucais e os ossículos do intestino anterior, de modo a permitir o recomeço precoce da alimentação (Chaisemartin, 1967). Taugbol *et al.* (1997) referem que a remineralização está efetivamente quase completa em 2 a 4 dias, embora continue provavelmente muito lentamente durante o período intermolde. Os lagostins americanos apresentam um padrão de alimentação estreitamente relacionado com o ciclo de muda: fome durante a muda e 2-3 dias após a muda, alimentação altamente ativa durante vários dias após a fome, diminuição acentuada da atividade alimentar e uma ingestão de alimentos bastante baixa durante vários dias antes da muda seguinte (Nakamura, 1980). A utilização de armadilhas com isco pode ser eficaz apenas durante o período de alimentação muito ativa e a eficácia relativa da armadilha luminosa aumenta durante o período de alimentação reduzida. A armadilha luminosa tem outra vantagem. As presas dos lagostins, tais como larvas de insectos e vermes, podem ser atraídas pela luz e criar uma oportunidade de alimentação para os lagostins nas armadilhas iluminadas.

Embora a armadilha com isco seja a mais eficaz entre os quatro tratamentos de atração, os resultados das armadilhas indicam que, quando são utilizadas armadilhas com isco, iluminadas e sem isco, alguns lagostins preferem o isco, outros preferem a luz e os restantes procuram uma armadilha sem isco como abrigo. Por conseguinte, a utilização de uma lâmpada parece viável para capturar lagostins adultos e juvenis. No entanto, é necessário outro método para capturar eficazmente os lagostins de água doce pós-embrionários que evitam a luz e não podem ser capturados em armadilhas iluminadas.

Recomendamos o uso de uma combinação de armadilhas iscadas, armadilhas iluminadas e algum outro método desenvolvido para capturar lagostins pós-embrionários. Com esta combinação, os lagostins invasores em diferentes fases de crescimento seriam capturados para a sua erradicação.

3.2. Desenvolvimento baseado na investigação

3.2.1. Introdução

O lagostim americano *Procambarus clarkii* é uma das espécies mais proeminentes de lagostim que apoia, de certa forma, a indústria da aquacultura com um sucesso comercial notável, por exemplo, no Louisiana, EUA (Romaire, 1995), no Quénia (Olouch, 1990), na China (Huner, 1998) e em Espanha (Ackefors, 1999) devido ao seu rápido crescimento e tolerância ecológica (Huner e Lindqvist, 1995). Os agricultores do Louisiana produzem lagostins de casca mole não só para isco, mas também para a indústria de marisco (Culley e Duobin- is-Gray, 1989), e fornecem fêmeas portadoras de ovos a aquicultores para fins de reprodução (Richards *et al.*, 1995). Por outro lado, muitos países têm vindo a regulamentar a introdução desta espécie invasora devido aos seus impactos adversos nas espécies nativas e nos ecossistemas (Bernardo *et al.*, 1997; Usio *et al.*, 2001; Nakata *et al.*, 2006), incluindo danos nos substratos, especialmente nos arrozais devido ao seu hábito de escavação, e interferência nas operações de pesca e consumo de ovos de outros peixes (Maitland *et al.*, 2001). A recolha de lagostins na natureza e em lagos faz uso de artes convencionais (*por exemplo,* armadilhas com isco, redes de feixe), mas uma vez que se verificou ser ineficaz, a utilização de luzes na captura de lagostins está, portanto, a ser promovida para melhorar os procedimentos de colheita e abordar a necessidade de reduzir a população do lagostim invasor.

A utilização de díodos emissores de luz (LED) na pesca foi introduzida em muitos países para otimizar a captura de peixe, considerando que os peixes e outras espécies aquáticas têm recepções de cor nos seus olhos que podem reconhecer várias intensidades de luz que levam à sua agregação em áreas iluminadas. A utilização de luzes LED é um dos mais recentes avanços na pesca com luz que está a ser promovida nas pescarias, em vez de utilizar iluminações incandescentes, de halogéneo e de iodetos metálicos. A fim de adaptar a utilização de luzes LED na captura do lagostim americano, as suas respostas fototácticas foram testadas utilizando lâmpadas incandescentes e LED em experiências laboratoriais, bem como em ensaios em lagos.

3.2.2. Materiais e métodos

A. Experiência de laboratório

O objetivo desta experiência laboratorial foi examinar a resposta fototáctica de *P. clarkii* a diferentes intensidades de lâmpadas incandescentes ou a diferentes cores de lâmpadas LED num tanque de PVC. As experiências foram realizadas no Laboratório de Tecnologia Pesqueira da Faculdade de Pescas da Universidade de Kagoshima, Japão, em agosto de 2007.

Uma série de experiências foi conduzida num tanque de PVC (190x42x40 cm) usando 26 lagostins adultos (109-151 mm de comprimento total) com uma proporção de 1:1 entre machos e fêmeas, e mantidos no tanque com água da torneira a 23-26,5° C durante 12 h de luz: 12 h de escuridão. O aquário tinha um substrato de areia no fundo e um sistema de filtragem sob o cascalho. Os animais foram alimentados duas vezes por semana com pellets de lagostim a 0,5 % do peso corporal. A concentração de oxigénio dissolvido (OD) era de 4,8 mg L^{-1} e a turvação da água era de 10 FTU.

A fim de examinar as respostas fototácticas de *P. clarkii* a diferentes intensidades de luz no tanque de PVC, foram utilizadas quatro lâmpadas incandescentes com diferentes intensidades como fontes de luz (Fig. 11). A intensidade luminosa de cada lâmpada foi de 215 lx (SIL-1), 398 lx (SIL-2), 1010 lx (DIM) e 2050 lx (LIGHT), sendo SIL-1 = 0,45 W e SIL-2 = 1,5 W, medidas no ar com um iluminómetro (IM-2D, Topcon, Ltd. Tóquio). SIL-1 (0,45 W) e SIL-2 (1,5 W) eram redes de pesca de lulas japonesas (Yo-zuri Co. Ltd. Japão).

Para DIM e LIGHT, foi colocada uma lâmpada de 4,5 W dentro de uma caixa de acrílico impermeável (14x8x15 cm), cujas paredes foram forradas com papel branco, e 1 a 4 pilhas de 1,5 V. Entretanto, foram utilizadas quatro cores selecionadas de LED (embalagem cilíndrica de 8 mm) como fontes de luz (Fig. 11), sendo cada cor colocada dentro de um invólucro de lâmpada SIL-2, que foi gerada por uma pilha seca de 3 V

(0,06 W). A intensidade da luz dos LED foi regulada para intensidades de quanta iguais, colocando uma tela de fibra de vidro cinzenta no interior de cada lâmpada (Dio Chemicals, Ltd., Tóquio), e a irradiância espetral de cada cor foi determinada utilizando um espectrorradiómetro (HSR-8100, Maki Mfg., Japão).

As experiências de recaptura foram efectuadas à noite, antes e depois da colocação das lâmpadas em ambiente de luz ambiente. Enquanto a lâmpada LED foi colocada diretamente no fundo, ancorada com um peso e com a outra ponta amarrada a uma haste fixa, as lâmpadas incandescentes tinham pesos colocados no topo da lâmpada para as manter sob pressão ascendente. As lâmpadas foram estabilizadas enjaulando-as com um pedaço de tubo de PVC (15 cm de comprimento e 4,8 cm de diâmetro) para as lâmpadas LED e uma caixa de malha de plástico (18x18x20 cm) para as lâmpadas incandescentes durante 30 segundos antes de expor os animais às luzes.

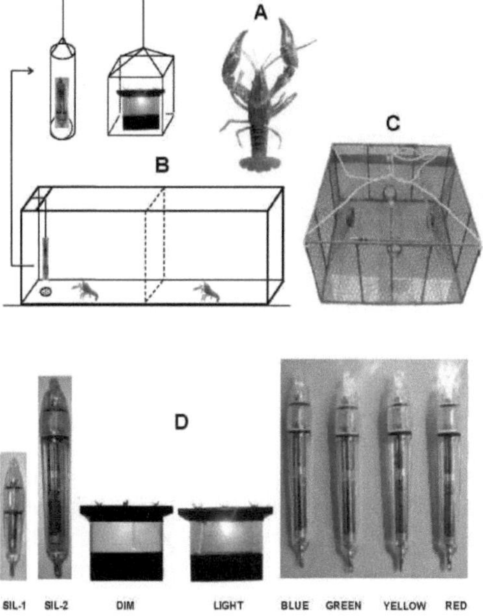

Fig. 11: A: Lagostim americano *P. clarkii*; B: experiência em tanque de laboratório; C: armadilha típica usada no tanque; e D: lâmpadas típicas usadas em experiências de laboratório e de tanque.

Antes de cada ensaio, os animais foram confinados a uma extremidade do tanque por uma divisória de PVC preto, proporcionando-lhes espaço suficiente para rastejarem livremente. No início de cada ensaio, foi aplicado um controlo com luz ambiente durante 10 minutos, a divisória foi retirada e os animais puderam mover-se livremente. Em seguida, a divisória foi recolocada no seu lugar original, confinando novamente os animais. A colocação e retirada da divisória não afectou os lagostins

O comportamento foi observado. Os ensaios consistiram em submergir a lâmpada, retirar a divisória, aplicar a lâmpada durante 10 minutos e capturar os lagostins com uma rede de colher. (ver Fig. 11). Os abrigos feitos de tubos de PVC (com cerca de 15 cm de comprimento e 6 cm de diâmetro) foram distribuídos no fundo. O número total de ensaios foi de 20, dos quais 10 ensaios foram com abrigos e os outros 10 ensaios foram sem abrigos, tendo sido aplicadas lâmpadas incandescentes ou LED por rotação. Cada lâmpada foi utilizada repetidamente durante 5 ensaios, incluindo a inversão de uma lâmpada de um lado do tanque para o outro. Os animais tiveram 10 minutos de repouso após cada ensaio.

Os movimentos dos animais durante cada ensaio foram registados com uma câmara de vídeo digital (Sony DCR-TRV18, Tóquio), enquanto o comportamento dos animais à luz ambiente (controlo) foi observado pelos olhos. O rastejar direcional em direção à luz durante o período de ensaio de 10 minutos foi considerado uma *resposta positiva*. Uma resposta positiva forte foi definida quando os animais se aproximaram de uma lâmpada no espaço de 2 minutos e permaneceram a pelo menos 75 cm do raio da lâmpada. Uma resposta positiva fraca era considerada quando os animais rastejavam lentamente em direção a uma lâmpada durante 10 minutos por ensaio. Quando os animais rastejavam para longe da lâmpada e permaneciam numa zona escura durante um longo período de tempo (50 minutos), foi considerada uma *resposta negativa*. Os valores percentuais para 5 ensaios em cada lâmpada foram comparados estatisticamente com os valores percentuais para o controlo utilizando o teste Mann-Whitney (Conover, 1980). Quando os valores do teste eram significativamente mais elevados do que os valores do controlo, a resposta do grupo era considerada *positiva*. O teste foi avaliado com um nível de significância de 0,05.

B. Experiência de armadilhagem

As experiências de armadilhagem foram conduzidas à noite num tanque de betão (10,0x5,8x0,7 m, 55 cm de profundidade) usando 197 lagostins adultos (68-111 mm TL) com uma proporção de 1:1 entre machos e fêmeas e mantidos em 3200 L de água da torneira a 16-28º C. Os animais foram alimentados duas vezes por semana com ração comercial para camarões numa proporção de 0,5-1,0% do peso corporal. Foram distribuídos no fundo abrigos feitos de tubos de PVC (aprox. 15 cm de comprimento e 6 cm de diâmetro), tendo sido aplicado arejamento durante 24 h; a concentração de DO foi de 6,65 mg L^{-1}, enquanto a turvação da água variou entre 1 e 14,6 FTU.

Foram construídas quatro armadilhas em forma de caixa com armações de ferro de 6 mm (60 cm x 50 cm x 25 cm) e fio de malha hexagonal preto de 3/5 polegadas (fio revestido a PVC de calibre 16). As armadilhas tinham quatro grandes funis de entrada de cada lado, com 6 cm de entrada no interior do anel, com um alçapão no topo (48x25 cm) para libertar os animais (Fig. 11). As fontes de luz eram as mesmas que as utilizadas nas experiências laboratoriais e foram utilizadas repetidamente todas as noites em duas experiências no tanque para testar a intensidade da luz e a preferência pela cor da luz.

As armadilhas foram colocadas no lago antes do pôr do sol e retiradas na manhã seguinte, com cada armadilha colocada a uma distância de cerca de 4,5-8,5 m uma da outra, seguindo a forma do lago e rodadas todas as noites, enquanto o tempo de imersão variou de 13 a 14 h. Os lagostins foram contados quando as armadilhas foram puxadas e verificados quanto ao sexo, comprimento da carapaça, comprimento do corpo, comprimento dos quelípedes, peso e libertados de volta para o lago. Do total de 37 ensaios (148 armadilhas), 15 utilizaram armadilhas de luz incandescente e 22 armadilhas de luz LED. O teste de Kruskal-Wallis foi utilizado para verificar se existiam diferenças significativas nas capturas totais dos quatro diferentes tratamentos de armadilhagem. Em seguida, foi utilizado o teste de comparação múltipla para determinar quais as capturas que diferiam significativamente entre as armadilhas (Conover, 1980). Todos os testes foram avaliados com um nível de significância de 0,05.

3.2.3. Resultados

A. Experiência de laboratório

Os resultados do controlo com luz ambiente indicaram que a maioria dos adultos parecia permanecer imóvel, independentemente dos abrigos fornecidos. A resposta do grupo de controlo situou-se entre $3,1\pm5,0$ (média%$\pm$SD) e $6,2\pm5,8$ (Fig. 12A). Durante os períodos experimentais, os animais apresentaram respostas fotopositivas significativas para SIL-1 ($26,9\pm7,7\%$) a 215 lx, SIL-2 ($23,1\pm7,7\%$) a 398 lx e LIGHT ($13,8\pm6,4\%$) a 2050 lx ($p<0,05$). Na maioria das vezes, os lagostins apresentaram maior magnitude de resposta do grupo na ausência de abrigos do que com abrigos ($p<0,01$). As respostas fotográficas positivas foram mais pronunciadas em intensidades de luz mais baixas do que em intensidades mais fortes ($p<0,05$), mas a magnitude das respostas do grupo diminuiu significativamente quando os abrigos foram utilizados. Alguns animais só responderam ao DIM ($13,1 \pm 7,5\%$) a 1010 lx e ao SIL-1 ($10,8 \pm 5,0\%$) a 215 lx ($p<0,05$). Em todos os ensaios, a maioria dos animais descansou na zona escura enquanto os seus corpos se orientavam para a luz ao acaso, ou seja, os animais escondiam-se nos abrigos para se afastarem de uma intensidade de luz forte (LIGHT) ou estavam a fazer a muda durante os ensaios.

No segundo ensaio laboratorial, a resposta do grupo de controlo situou-se entre $3,1\pm5,0$ (média $\pm$ DP) e $6,2 \pm 7,0$ (Fig. 12B). Quando os animais foram expostos diretamente ao LED colorido na ausência de abrigos, a magnitude das respostas do grupo foi mais acentuada para as luzes verde, azul e amarela ($p<0,05$) do que para o controlo, mas não houve diferença significativa entre o controlo e a luz vermelha ($p>0,05$). Na presença de abrigos, as respostas fototácticas para as luzes verde, amarela e vermelha foram significativamente mais elevadas ($p<0,05$) do que as do controlo, mas não houve diferença significativa entre o controlo e o azul ($p>0,05$).

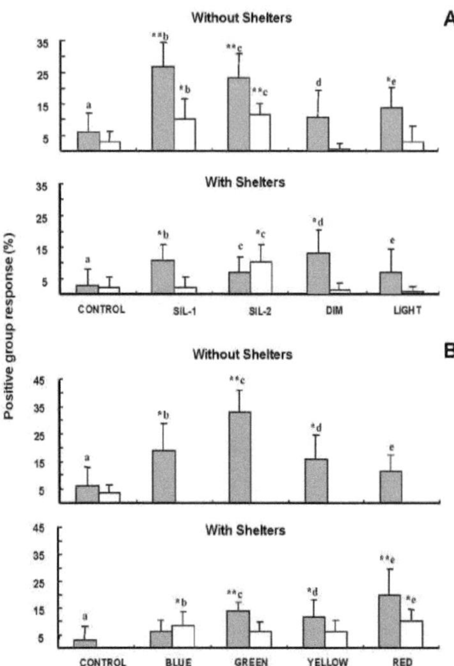

Fig. 12. Respostas positivas do grupo (média % ± SE) de lagostins quando expostos a luzes incandescentes (A) e luzes LED (B) com ou sem abrigos. As barras da esquerda com área cinzenta mostram uma resposta forte dos animais às lâmpadas e as barras da direita mostram uma resposta fraca. Houve diferenças significativas entre o controlo (a) e os ensaios (b, c, d, ou e) a *p<0,05; **p<0,01

Sob estimulação luminosa, os animais comportaram-se de forma semelhante em relação a cada tipo de lâmpada, ou seja, mudaram espontaneamente de posição, rastejando para a frente ao longo da parede lateral do tanque enquanto agitavam os quelípedes e os chicotes de antenas, parando perto de uma lâmpada, deslocando-se por curtas distâncias ou permanecendo imóveis de frente para a luz. Alguns animais não conseguiram chegar à zona iluminada quando foram emboscados por animais maiores, mas os abrigos pareceram ser úteis para as fêmeas que estavam a pôr ovos. Não se verificaram diferenças significativas na capacidade de atração dos machos e das fêmeas nas experiências realizadas nos tanques. Além disso, a duração da
a concentração dos animais perto de um candeeiro parecia ser mais longa quando a luz estava obscurecida, em conformidade com a falta de campo visual dos animais.

B. Experiências de armadilhagem

Na primeira experiência no tanque, os lagostins de água doce foram expostos simultaneamente a armadilhas luminosas SIL-1, SIL-2, iluminadas e escurecidas. Os animais rastejaram lentamente em direção às armadilhas iluminadas, com ou sem agitar os quelípedes, enquanto procuravam as entradas do funil. No interior da armadilha, os animais rastejaram agarrando-se à rede ou elevando a sua postura em frente de uma lâmpada. Fora das armadilhas, alguns animais deslocavam-se ou rastejavam ao longo da parede lateral do tanque durante algumas distâncias, mas a maioria permanecia imóvel de frente para as lâmpadas. Os movimentos dos animais durante cada ensaio no tanque foram diretamente observados por inspeção ocular. A média de capturas por armadilha e por noite variou entre 1,3 ± 0,5 e 7,5 ± 2,4 (quadro 5). O teste de Kruskal-Wallis não revelou diferenças significativas nas capturas totais (quadro 6) ou em termos de tamanhos médios entre machos e fêmeas (quadro 7). Apesar da relação sexual original de 1:1 entre machos e fêmeas no tanque, foram capturados muito mais machos do que fêmeas (relação sexual de 1,6:1,0, teste de Mann-Whitney, p<0,05).

Na segunda experiência no tanque, o desempenho das armadilhas de luz LED azul, verde, amarela e vermelha foi investigado simultaneamente. Embora os animais se tenham comportado de forma quase idêntica à descrita nos resultados anteriores, foi difícil observar o comportamento durante os últimos 22 ensaios, devido à fraca transparência da água. A média de capturas por armadilha e por noite variou entre 1,0 ± 0,8 e 7,0 ± 0,8 (Quadro 5). O teste de Kruskal-Wallis não revelou diferenças significativas nas capturas totais (quadro 6) ou nos tamanhos médios entre machos e fêmeas (quadro 7). Tal como na primeira experiência no tanque, foram capturados significativamente mais machos em todas as armadilhas luminosas com LED, com uma relação sexual de 2:1 entre machos e fêmeas (teste de Mann-Whitney, p<0,01). Além disso, foram também observadas 15 fêmeas portadoras de ovos, embora não houvesse indicações de que se comportassem de forma diferente das fêmeas sem ovos.

Tabela 5. Dados das capturas diárias de lagostins após diferentes condições de luz nas experiências em tanques. O número de animais examinados foi de 197 e libertados de novo num tanque após as experiências.

DATA	NÃO TESTE	ARMADILHAS DE LUZ INCANDESCENTE				TOTAL	MÉDIA ± DP
		SIL-1	SIL-2	ILUMINADO	DIMMED		
10-11Set 2007	1	4	3	5	2	14	3.5 ± 1.3
11-12	1	1	5	7	3	16	4.0 ± 2.6
12-13	1	1	7	10	6	24	6.0 ± 3.7
13-14	1	3	3	4	5	15	3.8 ± 1.0
14-15	1	6	11	6	7	30	7.5 ± 2.4
15-16	1	4	4	4	6	18	4.5 ± 1.0
16-17	1	2	3	7	4	16	4.0 ± 2.2
17-18	1	2	7	7	4	20	5.0 ± 2.4
18-19	1	3	6	7	2	18	4.5 ± 2.4
19-20	1	6	2	3	6	17	4.3 ± 2.1
20-21 Out	1	14	3	1	5	23	5.8 ± 5.7
21-22	1	2	2	16	5	25	6.3 ± 6.7
22-23	1	2	1	1	1	5	1.3 ± 0.5
23-24	1	11	1	0	1	13	3.3 ± 5.2
24-25	1	1	1	2	1	5	1.3 ± 0.5
Total	15	62	59	80	58	259	-
DATA	NÃO	ARMADILHAS LUMINOSAS LED					MÉDIA ± DP

	TESTE	AZUL	VERDE	AMARELO	VERMELHO	TOTAL	
23-24 de setembro de 2007	1	8	7	6	7	28	7.0 ± 0.8
24-25	1	6	7	2	10	25	6.3 ± 3.3
25-26	1	1	5	11	8	25	6.3 ± 4.3
26-27	1	5	4	5	6	20	5.0 ± 0.8
27-28	1	3	1	4	2	10	2.5 ± 1.3
28-29	1	3	4	2	7	16	4.0 ± 2.2
29-30	1	3	3	4	2	12	3.0 ± 0.8
30 Set-1 Out	1	4	1	5	5	15	3.8 ± 1.9
1-2	1	2	9	4	7	22	5.5 ± 3.1
2-3	1	4	4	3	5	16	4.0 ± 0.8
4-5	1	7	2	8	6	23	5.8 ± 2.6
5-6	1	6	4	3	5	18	4.5 ± 1.3
6-7	1	4	0	1	3	8	2.0 ± 1.8
7-8	1	1	3	2	16	22	5.5 ± 7.0
8-9	1	1	6	4	7	18	4.5 ± 2.6
15-16	1	3	1	2	1	7	1.8 ± 1.0
16-17	1	1	4	1	5	11	2.8 ± 2.1
17-18	1	1	3	1	3	8	2.0 ± 1.2
18-19	1	11	0	3	3	17	4.3 ± 4.7
19-20	1	2	3	4	8	17	4.3 ± 2.6
25-26	1	1	1	0	2	4	1.0 ± 0.8
26-27	1	1	15	4	0	20	5.0 ± 6.9
Total	22	**78**	**87**	**79**	**118**	**362**	-

Tabela 6. Número de lagostins capturados por armadilhas de luz incandescente e de luz LED na experiência do tanque.

Experiências (Temp. da água)	Armadilhas					Apanhar		
		N.º de lanços	Masculino	Feminino	Total	Garra(s) em falta	Garra(s) regeneradora(s)	Transportar ovos
PondExp 1	Incandescente							
(16.0-28.0° C)	Iluminado	15	44	36	80	5	2	2
	Escurecido	15	43	15	58	1	0	1

	SIL-1	15	39	23	62	0	1	2
	SIL-2	15	34	25	59	2	1	1
PondExp 2	LED							
(18.0-27.5° C)	Azul	22	61	17	78	3	4	0
	Verde	22	60	27	87	5	6	3
	Amarelo	22	46	33	79	1	6	1
	Vermelho	22	77	41	118	4	8	5
Total	-	**148**	**404****	**217**	**621**	**21**	**28**	**15**

Diferenças significativas entre homens e mulheres: $*p<0,05$; $**p<0,01$

Tabela 7. Média ± Desvio Padrão dos tamanhos dos lagostins machos e fêmeas coletados nas armadilhas de luz incandescente e de luz LED nos experimentos em tanques.

Pond Exp.	Armadilhas	Masculino				Feminino			
		CL	BL	ChL	BW	CL	BL	ChL	BW
1	Incandescente								
	Iluminado	45.9±4.95	91.0±8.	91.3±13.3	27.3±8.41	45.7±4.1	92.2±8.3	73.2±9.4	24.7±7.1

	Escurecido	46.2±4.0	92.0±7.1	88.0±7.0	24.8±5.6	46.5±3.8	93.5±7.7	76.5±9.2	26.1±8.2
	SIL-1	49.4±4.1	96.6±7.3	98.6±7.3	33.1±9.2	47.1±4.4	95.1±8.3	76.3±9.4	26.8±8.0
	SIL-2	44.6±3.5	88.8±6.3	84.6±9.1	24.0±4.9	46.1±4.4	92.7±8.3	73.9±9.7	25.2±5.8
2	LED								
	Azul	46.7±4.0	92.8±7.3	92.2±10.8	28.3±7.1	45.7±3.6	92.5±7.0	73.7±6.7	24.9±5.7
	Verde	45.9±3.7	91.3±6.8	90.1±12.3	26.8±6.3	47.1±3.7	95.2±7.2	75.3±9.1	26.0±6.0
	Amarelo	46.5±4.2	92.5±7.3	91.5±11.3	28.2±8.0	48.6±3.3	97.6±6.6	77.7±9.0	28.1±5.5
	Vermelho	46.5±3.5	92.1±6.0	90.5±12.0	26.9±6.0	47.2±4.4	95.0±8.5	76.0±10.1	26.7±7.2

CL: comprimento da carapaça; BL: comprimento do corpo; ChL: comprimento dos quelípedes; BW: peso corporal

3.2.4. Discussão

Os resultados das experiências no tanque parecem não corroborar as conclusões das experiências laboratoriais, indicando o possível efeito do tamanho do tanque. A diferença entre a intensidade da luz num tanque pequeno e num tanque grande pode ser significativa para o animal. Além disso, embora a intensidade da luz do LED tenha sido fixada em intensidades de quanta iguais no ar, a intensidade pode não ser a mesma na água devido aos diferentes níveis de absorção dos comprimentos de onda da luz (cores) das águas. Por conseguinte, não foi possível determinar se a cor ou a intensidade da luz do LED afecta a diferença na "*atração*", o que ainda é discutível, tal como acontece com as conclusões de Marchetti *et al.* (2004) ao utilizarem bastões de luz química para recolher larvas de peixe.

No entanto, os ensaios reforçaram as conclusões de uma investigação anterior segundo a qual *P. clarkii* tem uma verdadeira fototaxia positiva (Ahmadi *et al.*, 2008), enquanto a forma e as caraterísticas ópticas das lâmpadas utilizadas nestes ensaios foram capazes de atrair os lagostins para as armadilhas. A este respeito, a utilização de um equipamento de pesca de lulas japonesas (SIL-1, 0,45 W) com forma de diamante na sua superfície foi considerada única, uma vez que pode aumentar a distribuição da quantidade de luzes e mostrou uma eficácia igual à da lâmpada de caixa acrílica (LIGHT, 4,5 W) na capacidade de captura. Sempre que as artes de pesca da lula japonesa são aplicadas em águas turvas, recomenda-se a utilização de intensidades mais elevadas e os resultados ainda estão abertos para discussão.

O número total de 362 lagostins retirados do tanque usando armadilhas de luz LED selecionadas (Tabela 5) foi suficiente para apoiar estudos anteriores de que *P. clarkii* tem um sistema visual multicromático entre o azul e o vermelho (Nosaki, 1969; Cummins e Goldsmith, 1981) ou tem uma verdadeira visão de cores (Kong e Goldsmith, 1977), que permite aos lagostins alterar independentemente as suas respostas comportamentais a diferentes cores, considerando que a verdadeira discriminação de cores só é possível quando um animal tem pelo menos dois tipos de receptores com gamas espectrais distintas mas sobrepostas. A discriminação de cores requer a entrada de diferentes células fotorreceptoras que são sensíveis a diferentes comprimentos de onda de luz. Anatomicamente, *o P. clarkii* possui dois sistemas fotossensíveis, um dos quais é a sua sensibilidade à luz azul desenvolvida na sua fase inicial de vida e o outro é a sensibilidade à luz vermelha que se desenvolve mais tarde (Fanjul-Moles e Fuentes-Pardo, 1988; Fanjul-Moles *et al.*, 1992), o que implica que a fotossensibilidade dos lagostins mudou nas suas diferentes fases de vida. A fisiologia da visão de *P. clarkii* foi geralmente bem documentada, por exemplo, a formação da retina e do pedúnculo ocular em *P. clarkii* foi descrita por Hafner e Tokarski (1998), enquanto a estrutura primária do seu fotopigmento foi descrita mais pormenorizadamente por Hariyama *et al.* (1993). Embora a sua visão tenha sido amplamente estudada, as suas respostas comportamentais a diferentes intensidades ou cores sob
condições de campo (por exemplo, riacho, lago, campo de arroz selvagem), e sublinha-se vivamente a necessidade de investigação futura sobre este aspeto.

Para além disso, os movimentos e comportamentos de *P. clarkii* em tanques interiores sob luz são ainda pouco descritos. Enquanto Fernandez-de-Miguel e Arechiga (1992) referiram as respostas de atração e retirada como mecanismos adaptativos importantes nos lagostins, Fanjul-Moles *et al.* (1998) prestaram mais atenção ao efeito da variação do fotoperíodo e da intensidade da luz na sobrevivência e no comportamento dos lagostins. Enquanto Kozak *et al.* (2009) se dedicaram à avaliação das preferências de intensidade de luz, apenas o *"comportamento direcional da fonte de luz"* foi descrito em pormenor, mas não o *"comportamento exploratório"*, em que o comportamento exploratório é definido como o facto de o animal dirigir o seu corpo para o objeto que o rodeia e depois vaguear à volta do tanque a uma certa distância, com ou sem luzes, à procura de *"algo"*. Presumivelmente, quando se proporcionam refúgio/abrigo e determinadas condições de iluminação, é provável que os animais rastejem para dentro/por baixo do abrigo e deixem de se deslocar. No entanto, a adição de abrigos não se coadunou com essa hipótese, uma vez que os animais não cessaram o seu comportamento de exploração, quer em condições de luz quer de escuridão.

A este respeito, o comportamento exploratório pode ainda ser considerado uma forma de comportamento complicado e dinâmico, por oposição às respostas mais simples, positivas ou negativas, a uma fonte de luz, devido à instabilidade do ambiente e às rápidas interações entre o animal e o mundo que o rodeia. No tanque, o comportamento exploratório típico inclui o movimento livre dos animais ao reagirem discriminativamente à intensidade da luz ou à cor. Por conseguinte, outros comportamentos, como olhar em volta enquanto permanecem num local ou descansar contra qualquer objeto, não podem ser considerados exploratórios.

Foram identificadas as condições críticas do comportamento exploratório que poderiam passar imediatamente a comportamentos de fuga e de evitamento, ou seja, quando os animais estavam expostos a uma forte intensidade luminosa, durante a muda e após a muda, ou interações competitivas entre os sexos/tamanhos dos animais quando se aproximavam da fonte de luz. Durante a exploração, os machos eram mais agressivos do que as fêmeas porque tinham quelas maiores, sendo que os indivíduos maiores intimidavam e competiam com os mais pequenos dos abrigos. Isto também pode implicar que os lagostins devem ser retirados dos tanques quando atingem um tamanho comercializável para reduzir a agressão e fornecer espaço de vida e recursos alimentares para animais de tamanho inferior. Compreendendo a forma de captura, as armadilhas luminosas podem ser utilizadas para possíveis soluções no desenvolvimento de medidas de controlo ambiental. Um método semelhante de armadilhagem com luzes foi replicado com sucesso para outras artes de pesca tradicionais (por exemplo, "*tempirai*" ou armadilha de bambu) para a recolha de crustáceos e peixes do rio Barito da Indonésia (Ahmadi e Rizani, 2012) e, portanto, poderia muito provavelmente ser adaptado na região do Sudeste Asiático.

O rácio entre as capturas e as capturas por unidade de esforço (CPUE) em todos os tratamentos não pôde ser padronizado porque o período de imersão das luzes durante o funcionamento era variável e dependia do tipo de dispositivos de iluminação e da variação da duração da bateria. Por exemplo, uma lâmpada SIL-1 de 0,45 W (1,5 V) na experiência laboratorial desligava frequentemente as quatro lâmpadas, embora tenha sido estabelecido que a utilização de lâmpadas LED proporciona uma vantagem considerável em relação às lâmpadas incandescentes devido à maior eficiência energética dos LED, à maior variabilidade de cores disponíveis dos LED e à maior durabilidade.

RESUMO E CONCLUSÕES

Foram examinadas as respostas comportamentais de *P. clarkii* a vários estímulos eléctricos de corrente contínua. *A P. clarkii* foi sensível à polaridade dos campos eléctricos, quer se tenha voltado para o ânodo, quer se tenha impulsionado para ele. Através de medições laboratoriais, foram determinadas duas tensões de limiar, isto é, a tensão de limiar I (0,04-0,10 V cm^{-1}), que induziu a orientação paralela do animal para o campo elétrico e o rastejamento para a frente em direção ao ânodo, e a tensão de limiar II (0,12-0,16 V cm^{-1}), que induziu o movimento da cauda e a natação para trás em direção ao ânodo. Os lagostins que apresentaram verdadeira electrotaxia deslocaram-se para o ânodo quando estimulados dentro do espaço delimitado pelos eléctrodos. No entanto, quando os eléctrodos foram elevados a 5 cm ou 10 cm do fundo do tanque, os lagostins deslocaram-se para o ânodo, rastejaram através do espaço para além dele e saíram do campo elétrico. Este movimento para além do ânodo não pode ser explicado por electrotaxia positiva, mas pode ser interpretado como repulsão do cátodo. A intensidade de campo elétrico mais eficaz que induz a resposta do grupo anódico foi de 0,24-0,30 V cm^{-1}. A um nível mais elevado, os lagostins deitaram-se narcotizados na zona anódica, mas nenhum lagostim foi ferido ou morto.

O comportamento fototático de *P. clarkii* em diferentes fases de desenvolvimento foi avaliado em tanques interiores e exteriores para determinar os seus limiares de sensibilidade à luz e possíveis aplicações de colheita. Através de medições laboratoriais, o limiar de intensidade luminosa obtido foi de 46-659 lx, enquanto a intensidade luminosa mais eficaz que induz a maior fotorresposta positiva foi de 1.290 lx. Verificou-se que os lagostins adultos e juvenis eram positivamente fototácticos, enquanto os lagostins pós-embrionários eram negativamente fototácticos. A fototaxia positiva tornou-se mais pronunciada com o aumento da intensidade da luz no laboratório, mas a armadilha inesperadamente não mostrou diferenças na captura entre armadilhas iluminadas e escurecidas devido à diferença na intensidade da luz poder não ser suficientemente grande para causar uma captura diferente.

Para possíveis aplicações de colheita, a armadilha com isco é a mais eficaz entre os quatro tratamentos de atração. Os resultados das armadilhas indicam que quando são utilizadas armadilhas com isco, iluminadas e sem isco, alguns lagostins preferem o isco, outros preferem a luz e os outros procuram uma armadilha sem isco como abrigo. Além disso, a utilização de luz é mais vantajosa porque a atividade dos lagostins é muito maior durante a noite do que durante o dia. A luz pode atrair larvas de insectos e vermes, criando uma oportunidade de alimentação para os lagostins. As armadilhas iluminadas também podem ser utilizadas para apanhar lagostins de água doce após a muda, quando estes não são atraídos por comida ou isco após a muda. As armadilhas luminosas não são tão eficazes como as armadilhas com isco, mas são mais respeitadoras do ambiente, uma vez que reduzem o desperdício de isco e podem utilizar pilhas recarregáveis.

Na experiência de laboratório sem abrigos, as respostas positivas do grupo foram mais pronunciadas para as intensidades de luz mais baixas do que para as mais altas, bem como para o verde, enquanto as luzes azul e amarela foram significativamente diferentes do controlo. As experiências de armadilhagem mostraram que a armadilhagem com lâmpadas incandescentes e lâmpadas LED pode ser usada para colher lagostins de lagoas, enquanto as suas implicações para as medidas de controlo ambiental foram estabelecidas. Os resultados também corroboram as descobertas de outros estudos de que *o P. clarkii* tem uma verdadeira visão de cores e é capaz de alterar independentemente as suas respostas comportamentais a diferentes cores. O método de armadilhagem com luzes pode ser replicado noutras artes de pesca, habitats e espécies-alvo.

Em relação aos programas de erradicação, a pesca eléctrica e a armadilha têm sido usadas para remover um grande número de lagostins (por exemplo, Reeve, 2004; Ribbens e Graham, 2004), mas nenhuma delas provou ser eficaz na remoção total. A pesca eléctrica só é eficaz em águas pouco profundas, em campos de arroz com sementes molhadas ou em pequenos lagos, e só captura uma parte limitada da população de lagostins; por isso, não é um método viável de controlo. A armadilhagem extensiva com isco pode reduzir a densidade do lagostim ao longo do tempo e abrandar a velocidade a que se propaga naturalmente, mas também não é um método de controlo eficaz. É importante poder avaliar a rapidez com que as densidades recuperam após um programa de remoção. Apesar de as redes de pesca ou as armadilhas com isco serem artes que privilegiam os machos, as fêmeas restantes podem reagir à recuperação da densidade populacional produzindo mais ovos. De acordo com este estudo, as fêmeas com ovos podem ser atraídas para uma armadilha iluminada. Em comparação com a armadilhagem, a pesca eléctrica representa uma relação sexual mais realista, pois pode selecionar as fêmeas em vez dos machos, mesmo que estes sejam menos activos durante as épocas de reprodução. Níveis mais elevados de armadilhagem podem conseguir eliminar uma população, se reduzirem a população adulta a níveis em que a reprodução é insuficiente para substituir os lagostins que morrem ou são removidos. É também possível que quanto mais eficiente for a armadilhagem, maior será o recrutamento, devido a uma redução da competição entre as classes etárias armadilháveis e não armadilháveis (Reeve, 2004). Nenhum método único será adequado para todas as situações. Poderá ser necessária uma estratégia combinada para superar algumas das limitações de um método individual (por exemplo, pesca eléctrica com luz, redes de arrasto ou armadilhas com isco com luz, etc.), devendo esta abordagem ser mais explorada.

REFERÊNCIAS

Ackefors, H., 1999. Os efeitos positivos das introduções de lagostins na Europa. Em Gherardi, F., and D.M. Holdich (Eds.), Crayfish in Europe as alien species. Como tirar o melhor partido de uma situação má? Balkema, Roterdão, Brookfield, pp: 31-49.

Ahmadi, G. Kawamura, M. Vazquez Archdale e K. Anraku, 2008. Electrotaxia verdadeira e tensões de limiar no lagostim americano *Procambarus clarkii*. J. Fish. Aquat. Sci. 3(4): 228-239.

Ahmadi, Kawamura, G. e Archdale, M.V. 2008. Mecanismo de foto-táxi no lagostim americano *Procambarus clarkii* (Girard) após diferentes métodos de armadilhagem. Journal of Fisheries and Aquatic Science, 3(6): 340-352.

Ahmadi e Rizani, A. 2012. Eficiência de captura de armadilhas de luz incandescente de baixa potência e de luz LED que pescam no rio Barito da Indonésia. Universidade de Kasetsart, Boletim de Investigação Pesqueira, 36(3): 1-15.

Alonso, F., 2001. Eficiência da pesca eléctrica como método de amostragem de populações de lagostins de água doce em pequenos riachos. Limnetica, 20(1): 59-72.

Balik, I., H. Cubuk, R. Ozkoka e R. Uysal, 2005. Algumas caraterísticas biológicas do lagostim (*Astacus leptodacctylus* Eschscholtz, 1823) no lago Egirdir. Turk. J. Zool., 29(4): 295-300.

Bary, B. McK., 1956. O efeito dos campos eléctricos nos peixes marinhos. Mar. Res., 1: 1-32.

Bean, R.A. e J.V. Huner, 1979. Uma avaliação de armadilhas selecionadas para lagostas e métodos de armadilhagem. Freshwater Crayfish, 4: 141-151.

Beaumont, W.R.C., A.A.L. Taylor, M.J. Lee e J.S. Welton, 2002. Diretrizes para as melhores práticas de pesca eléctrica. Environ. Agency Tech. Relatório W2-054/TR. WRc plc, Reino Unido, pp: 179.

Bernardo, J.M., M. Ilheu e A.M. Costa, 1997. Distribuição, estrutura populacional e conservação de *Austropotamobius pallipes* em Portugal. Bull. Francais de la Peche et de la Pisciculture, 347(4): 617-624.

Brown, D.J. e K. Bowler, 1977. A population study of the British freshwater crayfish *Austropotamobius pallipes* (Lereboullet). Freshwater Crayfish, 3: 33-49.

Cain, C.D. e J.W.Jr. Avault, 1983. Avaliação de um arrasto elétrico montado num barco como sistema de colheita comercial de lagostas. Aquac. Eng., 2: 135-152.

Capelli, G.M. e B.L. Munjal, 1982. Aggressive interactions and resource competition in relation to species displacement among crayfish of the genus *Orconectes*. J. Crust. Biol. 2(4): 486-492.

Chaisemartin, C., 1967. Contribution a l'etude de l'economie calcique chez les *Astacidae*. Estes Doct. Sci. Nat., Poitiers, França.

Chidester, F.E., 1912. A biologia do lagostim. Am. Nat. 46(545): 279-293.

Conover, W.J., 1980. Practical nonparametric statistics 2ed. Texas Tech. Univ. Nova Iorque, EUA, pp: 493.

Culley, D.D., M.Z. Said e P.T. Culley, 1985. Procedimentos que afectam a produção e transformação de lagostas de casca mole. J. World Mar. Soc. 16: 183-192.

Culley, D.D. e Duobinis-Gray, L.F. 1989. Tecnologia de produção de lagostas de casca mole. Journal of Shellfish Research, 8(1): 287-291.

Culley, D.D. e L.F. Duobinis-Gray, 1990. Culture of Louisiana soft crawfish. Louisiana Sea Grant College Program. Centro de recursos de zonas húmidas, Universidade do Estado do Louisiana, Baton Rouge, pp: 45.

Cummins, D. e Goldsmith, T.H. 1981. Cellular identification of the violet recetor in the crayfish eye (Identificação celular do recetor violeta no olho do lagostim). Comparative Biochemistry and Physiology, 142: 199-202.

D'Abramo, L.R. e D.J. Niquette, 1991. Colheita com rede de cerco e alimentação com rações formuladas como novas práticas de gestão para a cultura de lagostas vermelhas (*Procambarus clarkii* [Girard, 1852]) e lagostas brancas (*P. acutus acutus* [Girard, 1852]) cultivadas em tanques de terra. J. Shellfish Res., 2: 169-178.

Dorn, N.J., R. Urgelles e J.C. Trexler, 2005. Avaliação de métodos de amostragem activos e passivos para quantificar a densidade de lagostins numa zona húmida de água doce. J. N. Am. Benthol. Soc. 24(2): 346-356,

Edwards, D.H, 1984. Fotorrecepção extrarretiniana do lagostim. I. Resposta comportamental e motoneuronal à iluminação abdominal. J. Exp. Biol. 109(1): 291-306.

Faller, M., I. Maguire e G. Klobucar, 2006. Atividade anual do lagostim nobre (*Astacus asutacus*) no rio Orljava (Croácia). BFPP/Bull. Fr. Peche Piscic, 383: 23-40.

Fanjul-Moles, M.L. e Fuentes-Pardo, B. 1988. Sensibilidade espetral no decurso da ontogenia do lagostim *Procambarus clarckii*. Comparative Biochemistry and Physiology, 91A: 61-66.

Fanjul-Moles, M.L., M. Miranda-Anaya e B. Fuentes-Pardo. 1992. Effect of monochromatic light upon the ERG circadian rhythm during ontogeny in crayfish *Procambarus clarkii*. Comparative Biochemistry and Physiology, 102A: 99-106.

Fanjul-Moles, M.L., Bosques-Tistler, T., Prieto-Sagredo, J., Castanon-Cervantes, O. e Fernandez-Rivera-Ro, L. 1998. Efeito da variação do fotoperíodo e da intensidade luminosa no consumo de oxigénio, na concentração de lactato e no comportamento dos lagostins *Procambarus clarkii* e *Procambarus digueti*. Comparative Biochemistry and Physiology, 119A(1): 263-269.

Faulkner, G. e J.V. Huner, 1994. Um sistema de arrasto de polietileno para a apanha de lagostins, *Procambarus spp.*, em tanques de cultura. In Book of abstracts, reunião anual da sociedade mundial de aquacultura, Nova

Orleães, Louisiana, EUA. World Aqua. Soc. Baton Rouge, Louisiana, pp: 247.

Fernandez-de-Miguel, F. e H. Arechiga, 1992. Entrada sensorial mediando duas respostas comportamentais opostas à luz no lagostim *Procambarus clarkii*. J. Exp. Biol. 164(1): 153-169.

Fievet, E., L. Tito de Morais e A. Tito de Morais, 1996. Amostragem quantitativa de camarões de água doce: comparação de dois procedimentos de pesca eléctrica num riacho das Caraíbas. Arch. Hydrobiol. 138(2): 273-287.

Gallagher, M.B., J.T.A. Dick e R.W. Elwood, 2005. Requisitos de habitat ribeirinho do lagostim de garras brancas, *Austropotamobius pallipes*. Biol. Envi: Actas da Academia Real Irlandesa. 106B(1): 1-8.

Garvey, J.E., R.A. Stein e H.M. Thomas, 1994. Avaliação da influência da predação por peixes e da competição interespecífica por presas num conjunto de lagostins. Ecology, 75(2): 532-547.

Gaude, A.P., 1986. Ecologia e produção de lagostins do pântano vermelho da Louisiana (*Procambarus clarkii*) no sul de Espanha. Lagostins de água doce. 7: 171-177.

Gherardi, F., S. Barbaresi e G. Salvi, 2000. Padrões espaciais e temporais no movimento de *Procambarus clarkii*, um lagostim invasor. Aqua. Sci. 62(2): 179-193.

Goyert, J.C. e J.W.Jr. Avault, 1978. Efeitos da densidade de povoamento e do substrato no crescimento e sobrevivência do lagostim (*Procambarus clarkii*) cultivado num sistema de recirculação. Proceeding of the World Mar. Soc., 9: 731-735.

Habsburgo Lorena, A.S., 1983. Algumas observações sobre a criação de lagostas em Espanha. Lagostins de água doce, 6: 131-132.

Hafner, G.S. e Tokarski, T.R. 1998. Morfogénese e formação de padrões na retina do lagostim *Procambarus clarkii*. Cell and Tissue Research, 293: 535-550.

Hariyama, T., Ozaki, K., Tokunaga, F.e Tsukahara, Y. 1993. Estrutura primária do pigmento visual do lagostim deduzida do cDNA. Fed Eur Biochemical Society, 315(3): 287-292.

Hein C. L., M.J. Vander Zanden e J.J. Magnuson, 2007. A captura intensiva e o aumento da predação por peixes causam o declínio maciço da população de um lagostim invasor. Biol. de Água Doce, 52(6): 1134-1146.

Henttonen, P. e J.V. Huner, 1999. A introdução de espécies exóticas na Europa: uma introdução histórica. In: Crayfish in Europe as alien species, Gherardi, F. and D.M. Holdich (Eds.). A. A. Balkema, Roterdão. Crust. Issues, 11: 13-22.

Higman, J.B., 1956. O comportamento do camarão rosa *Penaeus duorarum* Burkenroad, num campo elétrico de corrente contínua. Tech. Ser. No. 16. Mar. Lab., Univ. Miami, pp: 24.

Hill, A.M. e D.M. Lodge, 1994. Diel changes in resource demand: competition and predation in species replacement among crayfishes.

Ecology, 75(7): 2118-2156.

Hobbs, H.H.Jr., 1988. Distribuição de lagostins, radiação adaptativa e evolução. Em: Lagostins de água doce: Biology, Management and Exploitation (Eds. Holdich, D.M. e R.S. Lowery), pp. 52-82, Croom Helm, Londres: 52-82, Croom Helm, Londres.

Holdich, D.M. e J.C.J. Domaniewski, 1999. Estudos sobre uma população mista de lagostins *Austropotamobius pallipes* e *Pacifastacus leniusculus* em Inglaterra. Lagostim de água doce, 10: 37-45.

Holdich, D.M., 2002 (Ed.). Biology of freshwater crayfish. Blackwell Science, Oxford, pp: 702.

Huner J.V. e J.W.Jr. Avault, 1977. Investigação de métodos para encurtar o período de intermold em uma lagosta, Proceedings World Mar. Soc. 8: 883-893.

Huner, J.V. e R.P. Romaire, 1979. Size a maturity as a means of comparing populations of *Procambarus clarkii* (Girard) (Crustacea: Decapoda) from different habitats. Paper from the Int. Symp. on Freshwater Crayfish, 1: 53-64.

Huner, J.V. e R.P. Romaire, 1990. Cultura de lagostas no sudeste dos EUA. World Aquaculture 21: 58-65.

Huner, J.V. 1990. Biologia, pesca e cultivo de lagostas de água doce nos EUA. Rev. Aquatic Sci. 2: 229-254.

Huner, J.V. e J.E. Barr, 1991. Red swamp crawfish: biology and exploitation (3ª Ed.). Louisiana Sea Grant Coll. Prog. Louisiana State Univ. Baton Rouge, pp: 128.

Huner, J.V., 1994. Cultivo de lagostins de água doce na América do Norte. Secção 1. Cultura de lagostins de água doce. Em Huner, J.V. (Ed.), Aquacultura de lagostins de água doce na América do Norte, Europa e Austrália. Famílias Astacidae, Cambaridae, e Parastacidae. Haworth press, Binghamton, New York, pp: 5-89, 137-156.

Huner, J.V. e O.V. Lindqvist, 1995. Adaptações fisiológicas dos lagostins de água doce que permitem o sucesso de empresas de aquacultura. American Zoologist, 35(1): 12-19.

Huner, J.V., 1998a. The Louisiana crawfish story. Louisiana Wildlife Federation Magazine, 26(2): 32-35.

Huner, J.V., 1998b. Avaliação da densidade e do tipo de armadilhas para a captura de lagostas *Procambarus* spp em pequenos lagos. J. World Aqua. Soc., 29(1): 104-107.

Hyatt, M.W., 2004. Investigação da tecnologia de controlo de lagostins. Relatório final. Acordo cooperativo nº 1448-20181-02-J850. Departamento de Caça e Pesca do Arizona, Phoenix, pp: 93.

Kawai, T., K. Nakata e Y. Kobayashi, 2002. Estudo da situação taxonómica e introdução de duas espécies de lagostins Pacifastacus da América do Norte no Japão. J. Nat. Hist. Aomori, 7: 59-71. (em japonês com resumo em inglês).

Kawai, N., R. Kono e S. Sugimoto, 2004. A aprendizagem da evitação no lagostim (*Procambarus clarkii*) depende da iminência predatória do estímulo incondicionado: uma abordagem de sistemas comportamentais à aprendizagem em invertebrados. Behavioural Brain Res. 150: 229-237.

Kessler, D.W., 1965. Electrical threshold responses of pink shrimp *Penaeus duorarum* Burkenroad. Bull. Mar. Sci., 15(4): 885-895.

Klima, E.F., 1968. Estudos do comportamento do camarão subjacentes ao desenvolvimento do sistema de arrasto elétrico para camarão. Peixes. Ind. Res., 4(5): 165-181.

Klima, E.F., 1972. Voltagem e taxas de pulsação para induzir electrotaxia em doze peixes pelágicos costeiros e de fundo. J. Fish. Res. Bd. Can., 29(11): 1605-1614.

Ko, K.S., S.H. Kim e G.D. Yoon, 1972. Método de pesca eléctrica de *Penaeus japonicus* Bate. Bull. Korean Fish. Soc., 5(4): 115-120.

Koeller, P. e G. Crowell, 1998. Electrotaxis in American lobster *Homarus americanus*, and its potential use in sampling early benthic-phase animals. Fish. Bull., 96(3): 628-632.

Kong, K.L. e Goldsmith, T.H. 1977. Fotossensibilidade das células retinulares no lagostim de olhos brancos (*Procambarus clarkii*). Comparative Biochemistry and Physiology, 122: 273-288.

Kozak, P. e T. Polizar, 2003. Eliminação prática de lagostins de sinalização, *Pasifastacus leniusculus* (Dana) de um lago. Em Holdich D.M e P.J. Sibley (Eds.) 2003. Management and conservation of crayfish. Actas de uma conferência realizada em 7th novembro de 2002. Agência do Ambiente. Bristol. pp: 217.

Kozak, P., J. Martín e J. Escudero, 2007. Comportamento seletivo de *Procambarus clarkii* num gradiente de luz. In Book of abstracts, 15th International conference on aquatic invasive species. Nijmegen, Países Baixos, pp: 66.

Kurohagi, T., 1991. Situação atual do lago Shiraribetsu, pp: 35-39. Em Nagano, A. (Ed.) Rise. Gimming, Sapporo, Japão. (em japonês).

Lamarque, P., 1990. Eletrofisiologia de peixes em campos eléctricos. In: Fishing with electricity: Applications in freshwater fisheries management, Cowx, I.G. e P. Lamarque (Eds.). Fishing News Books, Oxford, pp: 4-33.

Lamontage, S. e J.B. Rasmussen, 1993. Estimar a densidade de lagostins em lagos usando quadrats: maximizar a precisão e a eficiência. Can.J.Fish.Aqua.Sci. 50: 623-626.

Maitland, P.S., C. Sinclair e C.R. Doughty, 2001. The status of freshwater crayfish in Scotland in the year 2000. Glasgow Naturalist, 23(6): 26-32.

Maronek, T.G., 1994. Status of the bait industry in the north central region of the United States. Tese de Mestrado. Univ. Wisconsin-Stevens Point, Wisconsin, pp: 250.

McClain, W.R., J.L. Avery e R.P. Romaire, 1998. Produção de lagostas: sistemas de produção e forragens. Publicação SRAC nº 241, pp: 4.

Miyake, S., 1982. Japanese crustacean decapods and stomatopods in color I: 1-264. (Hoikusya, Osaka, Japão). (em japonês).

Nakamura, K., 1980. Análise quantitativa dos padrões de alimentação do lagostim em relação ao ciclo de muda. Mem. Fac. Peixes. Kagoshima Univ. 29: 225-238. (em japonês, com resumo em inglês).

Nakata, K. e S. Goshima, 2003. Competição por abrigos de tamanhos preferidos entre a espécie nativa de lagostim *Cambaroides japonicus* e a espécie exótica de lagostim *Pacifastacus leniusculus* no Japão em relação à residência anterior, diferença de sexo e tamanho do corpo. J. Crust. Biol. 23(4): 897-907.

Nakatani, I. e N. Yokohama, 2003. A espécie de lagostim de sinal *Pacifastacus leniusculus* no Lago Onogawa no Parque Nacional Bandai Asahi. Cancro 12: 27-28. [Em japonês].

Nakata, K., T. Hamano, T. Kawai, M. Hirata, o grupo de trabalho de base do rio Otofuke, Y. Takakura, H. Kagami e K. Tsutsumi, 2001. Distribuições de lagostins na região de Tokachi de Hokkaido, Japão, com notas sobre mudanças temporais na densidade. Rep. Obihiro centen. City Mus., 19: 79-88. (em japonês, com resumo em inglês)

Nakata, K., T. Hamano, K. Hayashi, T. Kawai, 2002. Limites letais da temperatura elevada para dois lagostins, a espécie nativa *Cambaroides japonicus* e a espécie exótica *Pacifastacus leniusculus* no Japão. Fish. Sci. 68: 763-767.

Nakata, K., A. Tanaka e S. Goshima, 2004. Reprodução da espécie exótica de lagostim *Pacifastacus leniusculus* no lago Shikaribetsu, Hokkaido, Japão. J. Crust. Biol. 24: 496-501.

Nakata, K., K. Tsutsumi, T. Kawai e S. Goshima, 2006. Coexistência de dois peixes norte-americanos, *Pacifastacus leniusculus* (Dana, 1852) e *Procambarus clarkii* (Girard, 1852) no Japão. Crustaceana, 78(11): 1389-1394.

Newland, P.L. e D.M. Neil, 1990. A viragem da cauda do lagostim, *Nephrops norvegicus* II. Reacções dinâmicas de endireitamento induzidas pela inclinação do corpo. J. Comp. Physiol. A: Neuroethology, sensory, neural, and behavioral physiology, 166(4): 529-536.

Nosaki, H. 1969. Estudo eletrofisiológico da codificação da cor no olho composto do lagostim, *Procambarus clarkii*. Zeitschrift für vergleichende Physiologie, 64: 318-323.

Nystrom, P., P. Stenroth, N. Holmqvist, O. Berglund, P. Larsson e W. Graneli, 2006. Crayfish in lakes and streams: individual and population responses to predation, productivity and substratum availability. Freshwater Biol. 51: 2096-2113.

Olouch, A.O. 1990. Biologia reprodutiva do lagostim vermelho do pântano da Louisiana *Procambarus clarkii* (Girard) no lago Naivasha, Quénia. Hydrobiologia, 208(1-2): 85-92.

Page, T. e J.L. Larimer, 1972. Entrainment of the circadian locomotor activity rhythm in crayfish. O papel dos olhos e do fotorreceptor caudal. J. Comp. Physiol. 78(2): 107-120.

Pease, N.L. e W.R. Seidel, 1967. Desenvolvimento do sistema de arrasto de camarão elétrico. Comercial. Fish. Rev., 29(8-9): 58-63.

Penczak, T. e G. Rodriguez, 1990. A utilização da pesca eléctrica para estimar as densidades populacionais de camarões de água doce (Decapoda, Natantia) num pequeno rio tropical, Venezuela. Archiv. Hydrobiol., 18 (4): 501-509.

Phillips, B.F. e A.B. Scolaro, 1980. An electrofishing apparatus for sampling sublitoral benthic marine habitats. J. Exp. Mar. Biol. Ecol., 47: 69-75.

Polet, H., F. Delanghe e R. Verschoore, 2005. Sobre a pesca eléctrica do camarão castanho (*Crangon crangon*): I. Experiências de laboratório. Fish. Res. 72 (1): 1-12.

Rabeni, C.F., K.J. Collier, S.M. Parkyn e B.J. Hicks, 1997. Avaliação de técnicas de amostragem de lagostins de rio (*Paranephrops planifrons*). Nova Zelândia J. Mar. Freshw. Res. 31: 693-700.

Reeve, I.D., 2004. The removal of the North American signal crayfish *(Pacifastacus leniusculus)* from the River Clyde. Scottish Natural Heritage Commissioned Report No. 020 (ROAME No. F00LI12), pp: 55.

Ribbens, J.C.H. e J.L. Graham, 2004. Strategy for the containment and possible eradication of American crayfish *(Pacifastacus leniusculus)* in the River Dee catchment and Skyre Burn catchment, Dumfries and Galloway. Scottish Natural Heritage Commissioned Report No. 014 (ROAME No. F02LK05), pp: 51.

Richards, C., Gunderson, J., Tucker, P.e McDonald, M. 1995. Cultura de lagostins e peixes-isco em arrozais selvagens. Instituto de Investigação dos Recursos Naturais. Relatório Técnico No. NRRI/TR-95/39. Universidade de Minnesota, Duluth, EUA. 35 pp.

Romaire, R.P., 1995. Métodos e estratégias de colheita usados na aquacultura comercial de lagostas procambarídeas. J. Shellfish Res., 14: 545-551.

Saito, K. e S. Hiruta, 1995. *Procambarus clarkii* que vive em Hokkaido. Asahikawa City Museum Kenkyu Houkoku, 1: 9-12 (em japonês).

Salia, S.B. e C.E. Williams, 1972. Um sistema de arrasto elétrico para lagostas. Mar. Tech. Soc. J., 6: 25-31.

Seidel, W.R. e J.W. Watson, 1978. Um projeto de rede de arrasto: utilização de eletricidade para capturar camarão de forma selectiva. Mar. Fish. Rev., 40(9): 21-23.

Shigueno, K., 1975. Shrimp culture in Japan. Associação para a Promoção Técnica Internacional, Tóquio, pp: 72-76.

Sinclair, C. e J. Ribbens, 1999. Survey of American signal crayfish, *Pacifastacus leniusculus*, distribution in the Kirkcudbrightshire Dee, Dumfries and Galloway, and assessment of the use of electrofishing as an eradication technique for crayfish populations. Scottish Natural Heritage.

Snyder D.E., 2003. A pesca eléctrica e os seus efeitos nocivos nos peixes. Inform. Tech. Rep. USGS/BRD/ITR-2003-0002. US Gov. Print. Off., Denver, pp: 149.

Somers, K.M. e Stechey, D.M., 1986. Variable trapability of crayfish associated with bait type, water temperature and lunar phase. Am. Mid. Nat. 116(1): 36-44.

Somers, K.M. e R.H. Green, 1993. Seasonal patterns in trap catches of the crayfish *Cambarus bartoni* and *Orconectes virilis* in six south-central Ontario lakes. Can. J. Zool. 71(6): 1136-1145.

Soderhall, K., E. Svensson e T. Unestem, 1977. Um método barato e eficaz para a eliminação da praga do lagostim: barreiras e controlo biológico. Freshwater Crayfish, 3: 333-342.

Stebbing, P.D., G.J. Watson, M.G. Bentley, D. Fraser, R. Jennings, S.P. Rushton e P.J. Sibley, 2004. Avaliação da capacidade das feromonas para o controlo de lagostins não-nativos invasores. English Nat. Res. Rep. No. 578, Peterborough, UK, pp: 36.

Stewart, P.A.M., 1974. An investigation into the effects of electric fields on *Nephrops norvegicus*. J. Cons. Int. Explor. Mer. 35(3): 249-257.

Stewart, P.A.M., 1975. Pesca comparativa de *Nephrops norvegicus* Linnaeus com uma rede de arrasto de vara equipada com ticklers eléctricos. Scotland Dept. Agric. Fish. Mar. Res., 1: 1-10.

Suko, T., 1953. Estudos sobre o desenvolvimento do lagostim. I. O desenvolvimento de caracteres sexuais secundários nos apêndices. Rep. Sci. Saitama. Univ. 1: 77-96.

Taugbol, T., S.B. Waervagen, A.N. Lineokken e J. Skurdal, 1997. Mineralização do exoesqueleto após a muda em lagostins nobres adultos, *Astacus astacus*, em três lagos com diferentes níveis de cálcio. Freshwater Crayfish, 11: 219-226.

Travis, D.F., 1960. A deposição de estruturas esqueléticas nos crustáceos. I. A histologia do complexo do tecido esquelético do gastrólito e do gastrólito no lagostim, *Orconectes (Cambarus) Virilis* Hagen-Decapoda. Biol. Bull., 118(1): 137-149.

Unestam, T., C.G. Nestell e S. Abrahamsson, 1972. Uma barreira eléctrica para impedir a migração de lagostins de água doce em águas correntes. Um método para impedir a propagação da praga do lagostim. Rep. Inst. Freshw. Res., Drottningholm, 52: 199-203.

Usio, N., M. Konishi e S. Nakano, 2001. Deslocação de espécies entre um lagostim introduzido e um lagostim "vulnerável": o papel das interações agressivas e da competição por abrigos. Biol. Invasions, 3: 179-185.

Usio N., K. Nakata, T. Kawai e S. Kitano, 2007. Distribuição e estado de controlo do lagostim de sinal invasivo (*Pacifastacus leniusculus*) no Japão. Jap. J. Limnol. 68: 471-482 (em japonês com resumo em inglês)

Wathne, F., 1967. Reação do camarão ao estímulo elétrico. In: Pesca com eletricidade: Its application to biology and management, Vibert, R. (Ed.). Fishing News Books, Londres, pp: 566-570.

Westman, K., O. Sumari e M. Pursiainen, 1978. Pesca eléctrica na amostragem de lagostins. Freshwater Crayfish, 4: 251-256.

Westman, K., 2002. Lagostins alienígenas na Europa: impacto negativo e positivo e interações com lagostins nativos. In: Invasive Aquatic Species of Europe (Eds. Leppakoski, E., S. Gollasch, S. Olenin), pp: 76-95. Kluwer Acad. Publ. Holanda.

Witzig, J.F., J.V. Huner e J.W.Jr. Avault, 1983. Crescimento e dispersão do lagostim (*Procambarus clarkii*) num pequeno lago do sul da Louisiana plantado com arroz (*Oryza sativa*). Lagostim de Água Doce, 5: 331-334.

Printed by Books on Demand GmbH, Norderstedt / Germany